农村妇女脱贫攻坚知识丛书 ②
NONGCUN FUNU TUOPIN GONGJIAN ZHISHI CONGSHU

科学种植百问百答

（上）

全国妇联妇女发展部
农业部科技教育司 组编
中国农学会

U0238319

中国农业出版社

图书在版编目（CIP）数据

科学种植百问百答．上／全国妇联妇女发展部，农业部科技教育司，中国农学会组编．—北京：中国农业出版社，2017.8（2018.4 重印）

（农村妇女脱贫攻坚知识丛书）

ISBN 978-7-109-23082-8

Ⅰ.①科⋯　Ⅱ.①全⋯ ②农⋯ ③中⋯　Ⅲ.①作物-栽培技术-问题解答　Ⅳ.①S31-44

中国版本图书馆 CIP 数据核字（2017）第 144397 号

中国农业出版社出版

（北京市朝阳区麦子店街 18 号楼）

（邮政编码 100125）

责任编辑　刘　伟　冀　刚

北京通州皇家印刷厂印刷　　新华书店北京发行所发行

2017 年 8 月第 1 版　　2018 年 4 月北京第 3 次印刷

开本：880mm×1230mm　1/32　印张：3.875

字数：120 千字

定价：18.00 元

（凡本版图书出现印刷、装订错误，请向出版社发行部调换）

农村妇女脱贫攻坚知识丛书
编委会

执行主编： 崔卫燕　廖西元

副 主 编： 邰烈虹　刘　艳　杨礼胜
　　　　　　吴金玉

委　　员： 纪绍勤　孙　哲　任在晋
　　　　　　杨春华　杜伟丽　邢慧丽
　　　　　　奉朝晖　马越男　靳　红
　　　　　　冯桂真　崔力娜　洪春慧
　　　　　　陈元绿

本书编写人员

主　编：孙　哲　冯桂真

副主编：王志敏　柴　岩　庞万福

参　编（按姓名笔画排序）：
冯佰利　毕　坤　李富根
屈　洋　袁宏伟　廖丹凤

编者的话

经过近一年的努力，《农村妇女脱贫攻坚知识丛书》如期与大家见面了。这是全国妇联贯彻落实中央扶贫开发工作会议精神，积极推进"巾帼脱贫行动"的重要举措，也是全国妇联携手农业部等单位助力姐妹们增收致富奔小康的具体行动。

目前，脱贫攻坚已经到了攻坚拔寨、啃"硬骨头"的冲刺阶段，越是往后越要鼓足劲头加油干。在我国现有建档立卡贫困人口中，妇女占 45.6%。妇女既是脱贫攻坚的重点对象，同时也是脱贫攻坚的重要力量。必须看到，贫困妇女文化素质较低，劳动技能单一，创业就业能力和抗市场风险能力较弱，与所面临的艰巨任务的要求还有一定差距。着力促进提高贫困妇女的科学文化素质和脱贫增收能力，已经成为当前农村妇女工作首要而紧迫的任务，成为贫困妇女全面参与现代农业发展、打赢脱贫攻坚战的必然要求，更是贫困妇女姐妹的迫切希望。基于多年的农村妇女教育培训工作经验，应姐妹们的呼声和要求，我们组编了《农村妇女脱贫攻

坚知识丛书》。本套丛书共八册，涵盖扶贫惠农政策法规、科学种植、科学养殖、果蔬茶加工流通、休闲农业、手工编织、妇女保健等方面。

全国妇联、农业部高度重视本套丛书的出版工作。全国妇联党组书记处专题研究丛书的立项，对工作的推进及时给予指导。农业部科教司、中国农学会与全国妇联妇女发展部通力合作，共同研究丛书大纲，邀请业内权威专家加盟丛书的编写，全国妇女手工编织协会和中国女医师协会也组织最精干的力量参与其中。各位专家和中国农业出版社、中国妇女出版社的资深编辑们精心设计、科学论证，以精品意识、工匠精神和强烈的责任感、使命感，倾情竭力打造这套丛书。丛书以姐妹们愿意看、喜欢看、看得懂、学得会、用得上为目标，力求内容上通俗易懂、简明扼要，形式上图文并茂、富有趣味，选题上契合农村妇女生产生活的实际需要和性别特点。

期待这套丛书能够帮助姐妹们提高科学生产、健康生活和脱贫增收的素质及能力，助力姐妹们叩响创业之窗、开启致富之门，依靠自己的勤劳与智慧，过上幸福美好的新生活！

编　者

2017 年 7 月

目　录

编者的话

■ 基　础　篇

1

■ 粮 食 作 物 篇

项目一　主粮作物

项目二 杂粮作物

基础篇

什么是质量安全的农产品？

质量安全的农产品是指农产品中不应含有可能损害或威胁人体健康的有毒、有害物质或不安全因素，不可导致消费者急性、慢性中毒或感染疾病，不能产生危及消费者及后代健康的隐患。有下列情形之一的农产品属于质量不安全的农产品，不得销售：

（1）含有国家禁止使用的农药、兽药或者其他化学物质的。

（2）农药、兽药等化学物质残留或者含有的重金属等有毒有害物质不符合农产品质量安全标准的。

（3）含有的致病性寄生虫、微生物或者生物毒素不符合农产品质量安全标准的。

（4）使用的保鲜剂、防腐剂、添加剂等材料不符合国家有关强制性技术规范的。

（5）其他不符合农产品质量安全标准的。

 什么是农产品质量认证的"三品一标"？

无公害农产品、绿色食品、有机食品和农产品地理标志统称"三品一标"。"三品一标"是政府主导的安全优质农产品公共品牌，是当前和今后一个时期内农产品生产消费的主导产品。

无公害农产品标识

绿色食品标识

有机食品标识

农产品地理标志

什么是无公害农产品？

无公害农产品是指产地环境符合无公害农产品的生态环境质量，生产过程符合规定的农产品质量标准和规范，有毒有害物质残留量控制在安全质量允许范围内，安全质量指标符合无公害农产品（食品）系列标准的农、牧、渔产品（食用类，不包括深加工的食品），经专门机构认定，许可使用无公害农产品标识的产品。

无公害农产品标识

怎么申请无公害农产品认证？

申请人应当是具备国家相关法律法规规定的资质条件，具有组织管理无公害农产品生产和承担责任追溯能力的农产品生产企业、农民专业合作经济组织或家庭农场。无公害农产品认定申报业务通过县级工作机构、地级工作机构、省级工作机构、部级工作机构各部门的材料审核、现场审查、产品检测、初审、复审、终审完成对无公害农产品的认证工作，由农业部农产品质量安全

中心颁发认证证书，核发认证标志，并报农业部和中国国家认证认可监督管理委员会（以下简称国家认监委，CNCA）联合公告。具体详情可登录中国农产品质量安全网（http://www.aqsc.org）查询。

5 什么是绿色食品？

绿色食品是产自优良生态环境、按照绿色食品标准生产、实行全程质量控制并获得绿色食品标识使用权的安全、优质食用农产品及相关产品。绿色食品分为 A 级和 AA 级两个等级。A 级要求在生产过程中限量使用限定的化学合成生产资料，并积极采用生物学技术和物理方法，从而保证产品质量符合绿色食品标准要求；AA 级要求在生产过程中不使用化学合成的农药、肥料、食品添加剂、饲料添加剂、兽药及不利于环境和人体健康的

绿色食品标识

生产资料，而是通过使用有机肥、种植绿肥、作物轮作、生物或物理方法等技术，培肥土壤、控制病虫草害、保护或提高产品品质。后者更加接近国际有机食品的标准。

如何申请绿色食品认证？

申请人必须是企业法人、合作社或家庭农场。申请人向所在地省级绿色食品工作机构提出使用绿色食品标识的申请，通过省级绿色食品工作机构、定点环境检测机构、定点产品检测机构、中国绿色食品发展中心的文审、现场检查、环境监测、产品检测、标识许可审查、专家评审、颁证完成申报工作。有些省份要求申请人首先到所属县（市、区）农业局环保站申请备案。具体详情可登录中国绿色食品网（http://www.agri.cn/HYV20/lssp/zhpd/）查询。

什么是有机农业？

我国把有机农业定义为：遵照一定的有机农业生产标准，在生产中不采用基因工程获得的生物及其产物，不使用化学合成的农药、化肥、生长调节剂、饲料添加剂等物质，遵循自然规律和生态学原理，协调种植业和养殖业的平衡，采用一系列可持续发展的农业技术以维持持续稳定的农业生产体系的一种农业生产方式。

 什么是有机产品？什么是有机食品？

　　一般来说，有机产品是指来自于有机农业生产体系，根据有机农业生产要求和相应的标准生产、加工和销售，并通过独立的有机认证机构认证的供人类消费、

动物食用的产品。包括有机食品、有机饲料、有机纺织品、有机皮革制品、有机化妆品、有机花卉、有机林产品、有机家具等。同时，为有机生产服务的有机肥、生物农药等投入物质也可以被认证为有机产品。有机产品中供人类食用的产品称为有机食品，是指根据有机农业和有机食品生产、加工标准而生产出来的经过有机食品颁证组织颁发证书供人们食用的一切食品，包括蔬菜、水果、饮料、牛奶、调料、油料、蜂产品以及药物、酒类等。

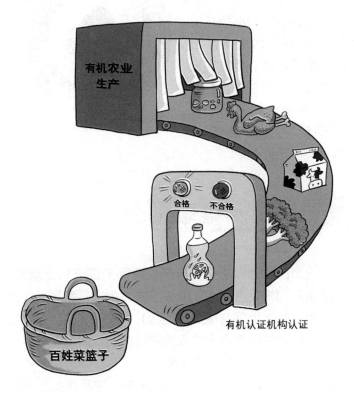

9

如何申请有机认证？

　　企业或合作社可以向有机认证机构提出申请，机构对企业提交的申请进行文件审核，如果审核通过则委派检查员进行实地检查并进行形式检查，进行颁证决议和制证发证。从事有机产品认证的机构必须获得国家认监委的批准。目前，由国家认监委批准设立的有认证资格的机构共有 20 多家，如中绿华夏（COFCC）、南京国环（OFDC）等。

有机食品标识

 什么是农产品地理标志？

　　农产品地理标志是指标示农产品来源于特定地域，产品品质和相关特征主要取决于自然生态环境和历史人文因素，并以地域名称冠名的特有农产品标志。此处所称的农产品是指来源于农业的初级产品，即在农业活动中获得的植物、动物、微生物及其产品。如北京平谷大桃、河北沙城葡萄酒、阳澄湖大闸蟹、宁夏枸杞、新疆库尔勒香梨等。

如何申请登记农产品地理标志?

　　申请人应当是县级以上地方人民政府确定的农民专业合作经济组织、行业协会等社团法人或事业法人。根据《农产品地理标志管理办法》，符合条件的申请人应当向省级农业行政主管部门提出登记申请，省级农业行政主管部门应在45个工作日内按规定完成登记申请材料的初审和现场核查工作，并提出初审意见。符合规定条件的，省

农产品地理标志

级农业行政主管部门应当将申请材料和初审意见报农业部农产品质量安全中心，农业部农产品质量安全中心负责农产品地理标志登记的审查和专家评审工作等认证工作。具体详情可登录中国农产品质量安全网（http://www.aqsc.org）查询。

 无公害农产品、绿色食品、有机食品有什么关系?

　　无公害农产品、绿色食品和有机食品都属于安全农产品，无公害农产品突出安全因素控制；绿色食品既突出安全因素控制，又强调产品优质与营养；有机食品注

重对影响生态环境因素的控制。

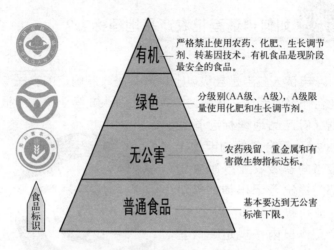

有机 —— 严格禁止使用农药、化肥、生长调节剂、转基因技术。有机食品是现阶段最安全的食品。

绿色 —— 分级别(AA级、A级)，A级限量使用化肥和生长调节剂。

无公害 —— 农药残留、重金属和有害微生物指标达标。

普通食品 —— 基本要达到无公害标准下限。

食品标识

(1) 从投入品方面看

无公害农产品杜绝了高毒高残留农药、兽药的使用；绿色食品除杜绝高毒高残留农药、兽药的使用外，按照绿色食品农药、肥料、饲料、兽药使用准则的要求限品种、限量、限时间使用化学合成品；有机食品杜绝使用化学合成品。

(2) 从最终产品的农药残留看

无公害农产品符合国家标准的要求；绿色食品农残综合限值达到欧盟国家标准要求；有机食品农残限值是国家标准相应限值的5%左右。

(3) 从对环境的贡献看

根据无公害农产品、绿色食品、有机食品生产过程对环境的要求以及生产过程对环境改善的影响，无公害农产品生产对环境贡献最小；绿色食品由于强调来自于优良生态环境，对环境贡献较大；有机食品因为强调生态环境建设，对环境贡献最大。

 什么是田间档案？建立田间档案有什么好处？

　　田间档案是农户田间生产的记录。凭借这个档案，可追溯蔬菜品种、种植田块、采收时间、种植者、加工者等信息，确保高质量农产品走向市场。如详细记录深翻改土、播种定植、施肥浇水、防虫治病、采摘配送，蔬菜播种、定植、收获的日期，农业投入品（农药、肥料、植物生长调节剂等）的名称、来源、用法用量以及使用、停用日期等蔬菜生产关键信息，并有实际操作人的签名。一旦出现问题，可以一查到底，让农产品生产的每一个环节一目了然，既让消费者放心，也给生产人施加了压力，保证农产品的安全，受到市场欢迎。

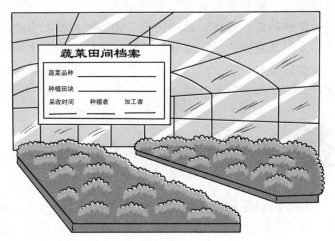

 如何通过农业防治措施来防治病虫草害？

　　农业防治是通过调整和改善作物的生长环境，以增强作物对病虫草害的抵抗力，创造不利于病原物、害虫和杂草生长发育或传播的条件，以控制、避免或减轻病虫草害。主要措施有选用抗病虫品种，调整品种布局、选留健康种苗、轮作、深耕灭茬、调节播种期、合理施肥、及时灌溉排水、适度整枝打杈、搞好田园卫生和安全运输贮藏等。农业防治如能同物理、化学防治等配合进行，可取得更好的效果。

 如何通过物理防治措施来防治病虫草害？

　　物理防治是利用各种物理因子（如光、热、电、温度、湿度和放射能、声波等）人工或器械清除、抑制、钝化或杀死有害生物的方法。如人工捕杀、灯光诱杀、黄板诱杀、防虫网、温汤浸种、覆盖银灰色地膜驱避蚜虫等。

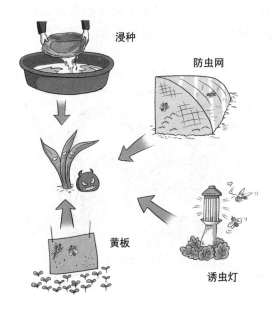

浸种

防虫网

黄板

诱虫灯

 如何通过生物防治措施来防治病虫草害？

　　通俗来说，生物防治就是利用一种生物对付另外一种生物，来降低杂草和害虫等有害生物种群密度，以达到减轻甚至消灭病虫草害的目的。生物防治可以维护生态平衡，无污染，无抗性，保证了人畜安全，能够避免化学防治带来的许多弊端。主要方式有：

　　（1）利用天敌昆虫防治害虫，如释放赤眼蜂防治玉米螟、用七星瓢虫和草蛉防治蚜虫等。

　　（2）利用细菌、真菌、病毒等微生物侵染害虫，致

使害虫死亡，如农业生产大量应用的苏云金杆菌、核多角体病毒等。

（3）利用微生物的代谢产物防治农作物病虫，如广泛使用的制剂多抗霉素、井冈霉素、阿维菌素等。

我可是你的天敌！

17 我国全面禁止销售和使用的高毒、高残留农药有哪些？

目前，我国全面禁止使用的农药有 39 种：

（1）根据农业部第 199 号公告，六六六，滴滴涕，毒杀芬，二溴氯丙烷，杀虫脒，二溴乙烷，除草醚，艾氏剂，狄氏剂，汞制剂，砷、铅类，敌枯双，氟乙酰胺，甘氟，毒鼠强，氟乙酸钠，毒鼠硅全面禁止销售和使用。

（2）根据农业部第 322 号公告，甲胺磷、甲基对硫磷、对硫磷、久效磷和磷胺 5 种高毒农药全面禁止销售和使用。

（3）根据农业部第 1586 号公告，苯线磷、地虫硫磷、甲基硫环磷、磷化钙、磷化镁、磷化锌、硫线磷、蝇毒磷、治螟磷、特丁硫磷 10 种农药全面禁止销售和使用。

（4）根据农业部第 2032 号公告，氯磺隆、胺苯磺隆单剂（2017 年 7 月 1 日起包括复配制剂）、甲磺隆单剂（2017 年 7 月 1 日起包括复配制剂）、福美胂、福美甲胂 5 种农药全面禁止销售和使用。

（5）根据农业部第 1745 号公告，自 2016 年 7 月 1 日起，禁止农药百草枯水剂在国内销售和使用。

 目前，我国全面限制使用的农药有哪些？

目前，我国全面限制使用的农药有 19 种：

（1）禁止农药氧乐果在甘蓝（农业部第 194 号公

告）和柑橘（农业部第 1586 号公告）上使用。

（2）根据农业部第 199 号公告，禁止在蔬菜、果树、茶叶和中草药材上使用的农药有：甲拌磷、甲基异柳磷、内吸磷、克百威、涕灭威、灭线磷、硫环磷、氯唑磷。禁止农药三氯杀螨醇、氰戊菊酯在茶树上使用。

（3）根据农业部第 274 号公告，禁止农药丁酰肼（比久）在花生上使用。

（4）根据农业部第 1157 号公告，除卫生用、玉米等部分旱田种子包衣剂外，禁止农药氟虫腈在其他方面使用。

（5）根据农业部第 1586 号公告，禁止农药水胺硫磷在柑橘上使用，禁止农药灭多威在柑橘树、苹果树、茶树和十字花科蔬菜上使用，禁止农药硫丹在苹果树和茶树上使用。

（6）根据农业部第 2289 号公告，禁止杀扑磷在柑橘树上使用，除土壤熏蒸外，禁止农药溴甲烷、氯化苦在其他方面使用。

（7）根据农业部第 2032 号公告，自 2016 年 12 月 31 日起，禁止农药毒死蜱、三唑磷在蔬菜上使用。

 关于农药使用的法律法规有哪些？

《中华人民共和国食品安全法》第四十九条规定：禁止将剧毒、高毒农药用于蔬菜、瓜果、茶叶和中草药材等国家规定的农作物。

第一百二十三条规定：违法使用剧毒、高毒农药的，除依照有关法律、法规规定给予处罚外，可以由公安机关依照规定给予拘留。

《农药管理条例》规定，任何农药产品都不得超出农药登记批准的使用范围使用。

违规使用高毒农药

 什么是农药的安全间隔期？

农药的安全间隔期是指最后一次施药至收获农作物前的时期，即自施药到残留量降至允许残留量所需的时间，称为安全间隔期。安全间隔期因农药品种、作物种类、推荐使用技术的不同而不同。最后一次施药与收获之间的时间必须大于安全间隔期，不允许在安全间隔期内收获作物，以保证农产品质量安全。

几种常见农药的安全间隔期

农药		适用作物	安全间隔期（天）
通用名	剂型及含量		
阿维菌素	1.8%乳油	棉花	21
		叶菜	7
		柑橘	14
		黄瓜	2
		豇豆	5
		梨	14
啶虫脒	20%乳油	黄瓜	2
		苹果	30
		柑橘	14
	20%可溶粉剂	黄瓜	1
	3%乳油	烟草	15
高效氟氯氰菊酯	2.5%乳油	棉花	15
		甘蓝	7
吡虫啉	20%可溶液剂	甘蓝	7
		番茄	3
克螨特	73%乳油	柑橘	30
百菌清	45%烟剂	黄瓜	3
	75%可湿性粉剂	花生	14
		番茄	7
	40%胶悬剂	花生	30
	40%悬浮剂	番茄	3
苯醚甲环唑	10%水分散粒剂	梨	14

（续）

农药		适用作物	安全间隔期（天）
通用名	剂型及含量		
代森锰锌	80％可湿性粉剂	苹果	10
		番茄	15
		西瓜	21
		荔枝	10
		烟草	21
		马铃薯	3
		花生	7
	42％干悬浮剂	香蕉	7
	75％干悬浮剂	西瓜	21
	43％悬浮剂	香蕉	35
咪鲜胺	45％乳油	芒果	7（处理后距上市时间）
	45％水乳剂	香蕉	7
	25％乳油	储藏柑橘	14
		储藏芒果	20
嘧霉胺	40％悬浮剂	黄瓜	3
三唑酮	25％可湿性粉剂	小麦	20

㉑ 怎样进行测土配方施肥？

测土配方施肥就是用测土配方施肥仪检测某一地块土壤的养分含量情况，并根据这片地现有的养分含量基础，对某一具体农作物及其目标产量、某一具体化肥品种的成分含量及化肥的利用率，利用仪器的内置测土配方程序进行计算，进而计算出所测土壤是否缺养分，缺

测土

配方

合理施肥

什么养分，缺多少，施用什么化肥，施多少，并以此为依据进行农田施肥的方法。

测土配方施肥的技术要点：一是测土，即取土样测定土壤养分含量；二是配方，即经过对土壤的养分诊断，按照庄稼需要的营养"开出药方、按方配药"；三是合理施肥，就是在农业科技人员指导下科学施用配方肥。

 连作（连茬）对作物、土壤有哪些危害？

连作是连续多年在同一地块上种植同类农作物的栽培方法。连作的危害有：

(1) 容易发生病虫害

连作时，病原菌累积严重，病虫害发生频繁，逐渐加重。尤其是土传病害不断发生，如十字花科的软腐病、菌梗病；茄果类的枯萎病、根腐病、立枯病；瓜类的猝倒病、疫病、枯萎病等。

(2) 土壤变劣

造成土壤微生物活性降低，养分分解作用下降；作物酶活性降低，细胞分裂减缓，膜结构遭破坏，从而影响矿物质的吸收运输。

(3) 土壤含盐量及 pH 失衡

随栽培年限的延长而加重，并逐渐向表层聚集，造成表土层板结、理化性质恶化、pH 增高，影响作物对

养分的吸收。

 农作物轮作（换茬）有哪些好处？

在同一块地上，按一定年限有计划、科学地轮换栽种几种不同的农作物叫"轮作"，俗称"换茬"。轮作可合理利用土壤肥力、减轻农作物病虫草害、减少环境污染、降低生产成本、提高农作物的产量。常见的轮作有禾谷类轮作、禾豆轮作、粮食和经济作物轮作、水旱轮作、草田轮作等。

 农作物如何进行轮作（换茬）与套种？

农谚说："调茬如上粪，茬口倒得顺，粮食满囤。"通过轮作换茬，可以使根系深浅不同、吸收养分种类不同的作物互相搭配，达到全面利用土壤养分、提高作物产量、实现用地与养地相结合的目的。

(1) 肥茬与瘦茬轮作

麦类、谷类、玉米等粮食作物以及棉、麻、烟类等经济作物吸收的养分较多，地力消耗大，种植这些作物的地块叫"瘦茬"或"白茬"；各种豆类和绿肥作物，既能固定空气中的氮素，又能吸收土壤中的难溶性磷素和钾素，种植这类作物的地块叫"肥茬"或"油茬"。肥茬和瘦茬轮作，可以实现用地与养地结合。

水稻和油菜轮作

小麦与豌豆、油菜间作

(2) 冷茬与热茬轮作

种植甘薯、水稻和瓜类作物的地块，由于植株隐蔽，土壤发阴，叫"冷茬"。种植麦类、谷类、马铃薯、烟草等作物的地块，土壤温暖发暄，叫"热茬"。冷茬与热茬轮作，有利于提高作物产量。

(3) 硬茬与软茬轮作

种植高粱、谷子、向日葵等作物的地块，土口紧、板结，叫"硬茬"；种植豆类、麦类、马铃薯等作物的地块，土口松，易耕作，叫"软茬"。硬茬与软茬轮作，可以活化土壤，防止土壤板结。

（4）间作与套种结合

在同一地块上同时种植两种或两种以上的作物，既能充分利用地力，又能充分利用光能，改善作物的通透性。例如，小麦与豌豆、油菜间作，麦田套种玉米、棉花，玉米套种菇类等，都是改善土壤结构、实现用地与养地结合、提高土地栽培效益的好办法。

 蔬菜怎么安排轮作换茬？

（1）根据蔬菜对养分需求的不同原则安排

把需氮肥较多的叶菜类、需磷肥较多的茄果类和需钾肥较多的根茎类蔬菜相互轮作换茬；把深根类的豆类、茄果类同浅根类的白菜、甘蓝、黄瓜、葱蒜类蔬菜进行轮作换茬；一般需氮肥较多的叶菜类蔬菜后茬最好安排需磷肥较多的茄果类蔬菜。

（2）根据缓解土壤酸碱度、平衡土壤肥力的原则安排

如种植马铃薯、甘蓝等会提高土壤酸度，而种植玉米、南瓜等会降低土壤酸度，如把对酸度敏感的葱类安排在玉米、南瓜之后，可以获得较高的产量和效益。如豆类蔬菜与一些需氮肥较多的叶菜类蔬菜换茬，把生长期长的与生长期短的蔬菜、需肥多的与需肥少的蔬菜互相换茬种植，季季茬茬都可获得高产。

(3) 根据有利于减轻病虫害的原则安排

如黄瓜霜霉病、枯萎病、白粉病、蚜虫等对瓜类蔬菜有感染传毒能力，连作黄瓜更为不利，如果改种其他类蔬菜，就能收到减轻或消灭病虫害的效果。如葱蒜采收后种上大白菜，可使软腐病明显减轻。粮菜轮作、水旱轮作，对土壤传染性病害的控制更为有效。

(4) 根据蔬菜对杂草抑制作用的强弱安排

一些生长迅速或栽培密度大、生长期长、叶片对地面覆盖度大的蔬菜，如瓜类、甘蓝、豆类、马铃薯等，对杂草有明显的抑制作用；而胡萝卜、芹菜等发苗较缓慢或叶小的蔬菜易滋生杂草。将这些不同类型的蔬菜轮作换茬进行栽培，可以收到减轻草害、提高产量、增加收入的效果。

秸秆如何变废为宝？

秸秆是成熟农作物茎叶（穗）部分的总称。通常指小麦、水稻、玉米、薯类、油料、棉花、甘蔗和其他农作物在收获籽实后的剩余部分。农作物光合作用的产物有一半以上存在于秸秆中，秸秆富含氮、磷、钾、钙、镁和有机质等，是一种具有多用途的可再生的生物资源。秸秆可以变废为宝，实现肥料化、饲料化、基料化、能源化以及工业化利用。如可以通过秸秆直接还田、堆沤还田、秸秆生物反应堆等实现肥料化利用，可以通过青贮、压块等实现饲料化利用，可用作栽培食用菌实现基料化利用，可用来生产沼气、燃气等实现能源化利用，还可用来生产板材等工业化利用。

什么是秸秆生物反应堆技术？

秸秆生物反应堆是一种高效的秸秆还田方式，是将秸秆埋置于农作物行间、垄下（内置式）或堆置于温室一端（外置式），秸秆在微生物菌种、催化剂、净化剂等的作用下，定向转化成植物生长所需的 CO_2、热量、抗病孢子、酶、有机和无机养料等，同时通过接种植物疫苗，提高作物抗病虫能力，减轻或减缓病虫害。该项技术可用于日光温室、大棚等设施瓜菜、果树栽培，露地果树、花卉、中药材等栽培。

全国各地大面积应用实践证明，秸秆生物反应堆技术不用化肥能实现高产、优质和早熟，秸秆替代化肥；不用农药能实现不得病、少得病，用生防孢子、酶和植物疫苗替代农药；是将秸秆资源循环利用与生物防治及植物免疫有机结合于一体的技术，具有资源丰富、成本低、周期短、易操作、收益高、综合技术效应巨大、环保效应显著的优点。

外置式秸秆反应堆

内置式秸秆反应堆

28 什么是水肥一体化技术？

　　水肥一体化技术是将灌溉与施肥融为一体的农业新技术，是借助压力灌溉系统，将可溶性固体或液体肥料，按照土壤养分含量及所种植作物的需肥规律、需肥特点，配兑成的肥液与灌溉水一起，准确地输送到作物根部土壤，满足作物生长所需。通俗地说，水肥一体化技术就是灌溉施肥技术，按照作物生长发育需求进行全生育期需求设计，把水分和养分定量、定时、按比例直接提供给作物。实施水肥一体化技术，要有水质好且符合微灌要求的固定水源，如河流、水库、机井等，要有完整的压力灌溉系统，如滴灌、喷灌。灌溉系统除有电机、水泵、过滤器、保护器、输配水管道外，还应有施肥器及控制和测量设备。目前水肥一体化技术主要应用于设施温室大棚、果园、露地瓜菜及经济效益较好的其他作物。

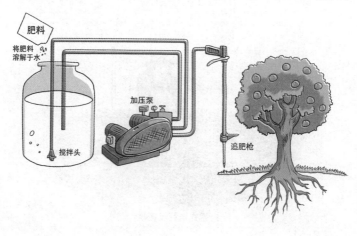

水肥一体化技术有什么好处?

　　一是省工，即通过管道施肥，可以大量节省施肥和灌水的人工；二是省肥，因其实现了平衡施肥和集中施肥，减少了肥料的挥发和流失，具有施肥简便、供肥及时、作物易于吸收、肥料利用率高等优点；三是节水，因其可减少水分的下渗和蒸发，提高水分利用率；四是省药，如滴灌只湿润根区土壤，其他地方保持干燥，可显著降低病害发生，减少杂草生长，因而能够减少农药和除草剂的使用；五是方便集约化栽培的水肥管理，有利于实现标准化栽培；六是可以开发较陡坡地的作物种植；七是利于根据作物的生长需要精确施肥；八是能降低肥料对环境的影响。

粮食作物篇

项目一
主粮作物

【一、小麦】

 为什么说小麦要高产，"七分种，三分管"？

　　"七分种，三分管"是指小麦生产过程中，"种"和"管"两大环节对于丰产的相对重要性以及种、管技术的投入大小。一块地从备耕整地到播种结束需要6～7天的时间，这期间要实施的技术多达10项，包括品种选用、药剂拌种、秸秆还田、浇底墒水、施底肥、耕地作业、播期、播量、播种作业、播后镇压等；而播种后到成熟前的6～7个月时间里只需实施5～6项技术，包括春季施1次肥、浇1～2次水，后期"一喷三防"等。可见，耕作播种是技术密集的阶段，播种质量高，出苗后达到苗全、苗齐、苗匀、苗壮的要求，高产的基础就打好了，后面的管理就主动和简单了。相反，如果播种环节出了问题，苗情不好，此后的风险就大，管理就很被动，且可能管理投入很多却难高产。所以说小麦要高产，"七分种，三分管"。

31 小麦是播前浇底墒水好，还是播后浇"蒙头水"好？

　　小麦播前浇底墒水是确保全苗壮苗的重要措施。北方多数地区入秋以后降水减少，秋旱时有发生。一般秋

浇足底墒水能够满足小麦苗期生长需要

小麦播后浇"蒙头水"，常会造成土壤板结、通气不良

作物收获以后，土壤墒情已显不足，浇足底墒水不仅能够满足小麦发芽出苗和苗期生长的需要，而且为中期生长奠定了良好的基础。在节水栽培条件下，播前浇足底墒水，将灌溉水转化为土壤水，并通过耕作措施，保持表土疏松，减少蒸发耗水，小麦生长期间可减少灌溉，不断吸收利用土壤水。随着表层土壤水分不断减少，根系不断深扎，后期可利用深层土壤贮水实现丰产。农民说得好："播前土壤贮足墒，年后无雨心不慌。"

小麦播后浇"蒙头水"，虽然对旋耕未镇压的麦田有踏实土壤的作用，但其不利影响更大。浇水后常会造成土壤板结、通气不良，麦苗出土困难或出苗后幼苗生长受到严重影响，影响生长发育并降低产量。所以，播前浇底墒水比播后浇"蒙头水"要好。

 冬小麦极晚播"土里捂"能高产吗？怎么管理？

北方冬小麦过晚播种，播后到入冬前若积温不足80℃则当年不能出苗，俗称"土里捂"。生产上由于前茬作物收获太迟、小麦播前持续下雨等原因，造成冬小麦不能正常播种，常会出现"土里捂"小麦。此类小麦由于年后才出苗，生长时间短，一般穗头小，产量较低。但若依据"土里捂"小麦的生育特点采取针对性管理措施，也是能获得高产的。其高产的关键措施：

(1) 增加基本苗

由于播种过晚，不能依靠分蘖成穗，必须加大播种量，增苗增穗。要求出苗数与计划穗数相当。

（2）春季晚浇水

由于基本苗多，且早春麦苗发育晚，春季施肥浇水不能过早，要推迟到拔节之后进行，以免群体下部叶片过大，开花过迟。

（3）注意早春麦芽顶土出苗情况

对于表土板结的田块，要通过浅表锄划，破除板结，促进出苗。

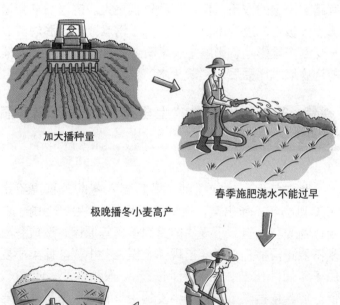

加大播种量

极晚播冬小麦高产

春季施肥浇水不能过早

丰收

破除板结，促进出苗

33 对旺长的小麦有什么办法控制？

小麦常常由于播种过早、播量过大、前期施氮过多等原因导致麦苗旺长，冬前叶龄过大（主茎超过 7 叶），群体拥挤，易遭冬春冻害、病害和倒伏危害。旺苗要控制。要想控制旺长，可采取的措施主要有：

(1) 镇压

发现有旺长苗头的麦田，在麦苗分蘖以后适时镇压，可减缓叶片和叶鞘生长，控制分蘖过多增长，同时可以破碎坷垃，弥合裂缝，保温保墒，促进根系发育。应在晴好天气的上午 10 时以后，无霜冻时镇压。镇压应注意顺一个方向，不可反复镇压。

(2) 早中耕切断部分根系

当确定麦苗长势旺盛，具有旺长趋势的麦田，可及早中耕、深中耕，在小麦行间深锄 6~8 厘米，切断部分根系，减少对养分的吸收，以控制地上部分徒长。

(3) 晚浇冬水

冬灌过早，因气温相对较高，可加速麦苗生长，易形成小麦旺长。麦田冬灌的田间标准以"夜冻昼消"为宜。既要保证小麦安全越冬，又要预防小麦旺长。

(4) 化学调控

对旺长麦苗也可喷施矮化剂（如麦叶丰）调控，防止徒长，并使基部茎节变短，有利抗倒。

34 为什么小麦播种后要镇压？

　　近年来，小麦生产上多采用旋耕整地，旋耕后上层土壤过于疏松，机械播种后种子往往不能与土壤紧密接触，出现悬种吊根现象，特别是在秸秆还田条件下，这种情况更为突出，影响幼苗正常吸水生长，且易受旱受冻，因此播后镇压很有必要。通过镇压使耕层密实，保持耕层土壤中的水分含量，使种子与土壤紧密接触。同时，镇压还能使土壤深度差异发生微调节，使种子的深度趋于一致，较好地保证了播种质量，为种子发芽、出苗、生长提供了一个松紧适度的环境，种子吸收水分和养分一致，保证种子能够迅速发芽、出苗整齐。通常情况下，播种后经过镇压的麦田抗旱性、抗寒性均高于不镇压的麦田。

　　为了发挥镇压的效果，需要确保镇压的质量。镇压

的质量主要是镇压的强度和均匀性，一般播种机上虽带有镇压碌轮，但往往压力不够，仍需在播后表土现干时用镇压机再镇压一遍。镇压机由拖拉机和镇压轮具组成，要选择机械行走轮和镇压轮压力一致的镇压机，以免拖拉机压出两条深沟。

 麦田为什么会出现一片一片的枯白穗？怎么防治？

近年来，在许多地区，小麦生长中后期麦田常会出现枯白穗，表现为部分小穗或整穗枯死发白，有的田块零星发生，有的田块大片发生，造成产量损失。原因有多种，主要是赤霉病、纹枯病、全蚀病、根腐病、金针虫等小麦病虫的为害，特别是赤霉病在许多地区为害严重，已成为小麦减产的重要因素。

要根据当地病害常发类型及发生特点，采取综合措施防治枯白穗。要选用抗病品种，播前要严格抓好药剂拌种，病虫害常发、重发的地块要在耕地前撒施毒麸（杀虫杀菌剂拌麦麸）进行土壤处理。许多农业措施可减少病虫害发生，如深耕翻土，可有效减少土壤中病原菌和害虫的数量；轮作倒茬，适当与棉花、大蒜、甘薯、油菜等非禾本科作物进行轮作，可以有效减少病原菌的数量；合理浇水、增施磷肥和田间除草等管理措施，可以有效防止病虫害的发生，减少白穗的发生率。利用化学方法，控制病虫害的发生发展，如赤霉病的防治关键是做好抽穗扬花期的药剂喷防，适时抓好"一喷三防"是控制多种病虫害、防治枯白穗的重要举措。

36 什么是小麦"不完善粒"？怎么处理？

小麦"不完善粒"是指受到损伤但尚有使用价值的小麦籽粒，包括物理损伤导致的虫蚀粒、破损粒及生理变化和微生物侵害导致的病斑粒、未熟粒、生芽粒和霉变粒。物理损伤不完善粒是可控可防的，通过农业技术部门推广先进的生产技术（科学种植技术、农业机械等）和粮食部门宣传科学的贮粮方法（改造粮仓、热入仓、密闭、低剂量熏蒸等），经过精心管理，能将其控制在最小的范围。生理变化不完善粒产生的因素是复杂的，要求在生产和贮存过程中全面防范，如选用早熟多抗品种，适当提前收获，避开"烂场雨"，防止生芽粒和霉变粒的产生；合理整晒、科学的贮粮方法，降低保管环节生芽粒和霉变粒的产生。国家对入库的小麦籽粒有严格的标准要求，若不完善粒超标，就要采取适当方法进行筛选处理，常用的处理办法有：

（1）风扬处理法

用传统木锨风扬，让部分不完善粒随风散落到下风口，以降低小麦的不完善粒含量。

（2）鼓风机处理法

鼓风机强风可将部分不完善粒吹落到下风口处，也可降低不完善粒含量。

(3) 过筛处理法

由于不完善粒是籽粒破损、生芽、霉变的颗粒，重量较轻，可通过传统大筛上筛下隔的方法，降低不完善粒比例。

 麦田为什么会出现板结、裂缝？怎么处理？

麦田出现板结、裂缝的原因有多种，如农田土壤质地太黏，耕作层浅，土壤通气、透水、增温性较差，下雨或灌水以后，容易堵塞孔隙，造成土壤表层结皮；有机肥严重不足、秸秆还田量减少，长期单一施化肥，影响土壤结构和微生物的活性，造成土壤的酸碱性过大或过小，导致土壤板结；耕作措施不当，机械反复作业压实土壤，或表土潮湿时镇压，会造成土壤板结，而旋耕后过于疏松的土壤若未镇压，浇水后也极易板结并产生裂缝；部分地区长期利用工业废水灌溉，使土壤有毒物质积累过量，引起表层土壤板结。在土壤板结的基础上，由于土壤干旱，水分蒸发，土壤颗粒收缩在一起就会形成裂缝。

为防止出现板结、裂缝，生产上应重视增施有机肥，并与化肥结合施用，适当耕作，减少机械碾压，适时适度灌水，保持土壤湿润，避免土体开裂。已出现板结和裂缝，要通过锄划措施或锄划与镇压相结合，破除板结，弥合裂缝。

38 冬小麦春季追肥是早追好还是晚追好？

对于追肥早晚和追肥次数，这既要看当前苗情，又要瞻前顾后。苗情的主要指标是看群体状态，按群体状态确定追氮肥的次数和数量。所谓瞻前顾后，先要考虑年前的基肥施用和苗情长势，如果基肥中氮肥已经过多，造成冬前麦苗旺长，春季就少追、晚追氮肥，而对于旺苗脱肥的田块，则要及早追肥。反之，晚播小麦、弱苗状态，就要早追肥，促进分蘖。群体合适的正常苗情，特别是壮苗，在拔节期追一次肥，施尿素 15～20千克/亩*就可以了。而对于强筋小麦，最好在扬花期适量加追 1 次氮肥（施尿素 4～5 千克/亩），可增加小麦籽粒中蛋白质的含量。

39 什么是"一喷三防"？怎么实施？

"一喷三防"是在小麦生长中后期使用杀虫剂、杀菌剂、叶面肥等混配剂喷施，达到防病虫害、防干热风、防早衰的目的，保障小麦增粒、增重、增产的一项关键技术措施。"一喷三防"适宜作业期为扬花期至灌浆期。常用杀虫剂有菊酯类农药、吡虫啉、抗蚜威等；杀菌剂有多菌灵、三唑酮、烯唑醇等；叶面肥有磷酸二

---

* 亩为非法定计量单位，1 亩≈667 米^2。

氢钾、尿素、微肥。采用什么样的混配剂要根据当地病虫害和干热风的发生特点和趋势，选择适宜防病、防虫的农药和叶面肥，采取科学配方。还要按照农药、肥料使用规定，严格把握喷施剂量和方法。喷洒时间最好在晴天无风上午9～11时、下午4时以后喷洒，每亩喷水量不得少于30千克，要注意喷洒均匀，尤其是要注意喷到下部叶片。喷雾后6小时内遇雨要进行补喷。

什么是强筋小麦和弱筋小麦？

　　面筋是小麦粉中所特有的一种胶体混合蛋白质，由麦胶蛋白质和麦谷蛋白质组成。在面粉中加入适量水、少许食盐，搅匀上劲，形成面团，稍后用清水反复搓洗，把面团中的淀粉和其他杂质全部洗掉，剩下的具有弹性、延展性和黏性的物质，就是面筋。面筋的数量和质量决定了面粉加工食品的品质。通常所说的强筋小麦，其籽粒硬质，蛋白质含量和面筋含量高，面筋强度

强，面团稳定时间较长，延伸性好，适用于制作面包，也适用于制作面条，或用作配制中上筋力专用面粉的配麦，而不适合做饼干、糕点；弱筋小麦则是籽粒软质、蛋白质含量低，面筋强度弱，面团稳定时间较短，延伸性较好，适用于制作饼干、糕点等食品，酥脆柔软适口，用其做面包则品质很差。介于强筋小麦和弱筋小麦之间的为中筋小麦，其籽粒硬质或半硬质，蛋白质含量和面筋强度中等，延伸性好，适宜制作面条或馒头。

强筋小麦适用于制作面包、面条

弱筋小麦适用于制作饼干、糕点

中筋小麦适用于制作面条、馒头

 黑色小麦有什么特点？怎么种植？

黑色小麦指的是籽粒呈现黑色、紫色、绿色等不同颜色的一类特色小麦，是科研单位采用不同的育种手段培育出来的特用型的优质小麦新类型。黑色小麦籽粒聚积有大量天然色素（主要是花青素），所含的硒、钙、锌、铜、磷、铁、镁等多种矿质元素高于普通白小麦，营养丰富，具有保健功能，可作为功能性食品开发利用。目前国内已培育出多个黑色小麦品种，如农大3753、漯珍1号、黑小麦76、山农紫麦1号、中普黑麦1号等。引种这些黑小麦品种，要了解品种特性，特别是抗寒性，农大3753是冬性品种，抗寒性强，其他多数黑色品种为弱冬性品种（有的还是春性品种），抗寒性较弱，秋冬播不能过早，以免遭受越冬冻害。由于许多黑色小麦品种茎秆偏高，后期容易倒伏，要控制播种密度，肥水施用不能过早过多。其他管理同普通小麦品种。

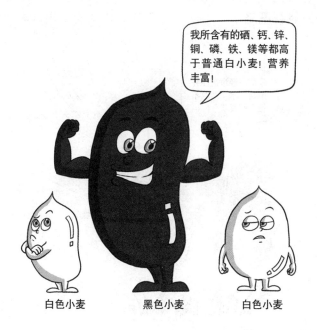

白色小麦　　　　　黑色小麦　　　　　白色小麦

如何预防冬小麦出现"倒春寒"危害？

由于气候变化，近年许多地方的小麦常出现早春冻害，即"倒春寒"危害，指的是小麦过了立春季节进入起身拔节阶段，因寒潮到来，地表温度降到 0 ℃以下，发生霜冻危害。特别是冬前积温偏高，前期生长发育快，过早返青、起身、拔节的麦苗，抗寒力较差，遇到早春寒流袭击，易出现冻害死苗、死茎或幼穗冻坏受损。预防"倒春寒"危害应选用抗寒性较好的品种，适当晚播，对前期生长过旺的麦田要适度镇压抑制生长，早春根据天气预报在寒潮来临前浇水防寒。冻害发生后应及时补肥浇水。小麦是具有分蘖特性的作物，遭受早

我们已经过镇压并浇足了水，所以不怕"倒春寒"！

倒春寒

春冻害的多为主茎和大分蘖，小蘖发育晚受害轻，可通过促进小蘖生长补偿冻害损失。

 北方缺水，冬小麦如何能既节水又高产？

华北地区降水少，且主要集中在夏秋季，冬小麦生长在干旱季节，需要通过灌溉补充水分。生产中灌溉量大，常规高产田灌水 4～5 次，大量消耗地下水。能不能少浇水又高产呢？这需要采用综合的节水栽培方法，其主要技术是：

（1）浇足底墒水，春季少用水。

（2）选用早熟、耐旱、穗容量大、灌浆强度大的品种，以品种节水。

（3）适量施氮，集中足量施用磷肥。亩产 500 千克左右，氮肥纯氮用量 10～13 千克，以基肥为主，拔节期少量追施。种麦时集中亩施磷酸二铵 20～30 千克，补施硫酸钾 10～15 千克。

（4）适当晚播，减少耗水。早播麦田冬前生长时间长，耗水量大，春季需早补水，在同等用水条件下，限制了土壤水的利用。适当晚播，有利节水节肥。晚播以不晚抽穗为原则，以越冬苗龄不低于 3 叶为界限。

（5）增加基本苗，严把播种质量关。晚播要适当增加播种量，为确保苗全、苗齐、苗匀和苗壮，要求精细整地、精选种子、窄行匀播。

（6）播后严格镇压。

（7）春季浇关键水。春季只浇 1 水，应浇拔节水；春季浇 2 水，第二水应为开花水。

【二、玉米】

 怎样防治夏玉米田苗期二点委夜蛾为害?

二点委夜蛾主要发生在小麦秸秆还田且未灭茬地块，以幼虫躲在玉米幼苗周围的碎麦秸下为害玉米苗，咬食玉米茎基和根部，受害的玉米田缺苗断垄，严重的地块甚至需要毁种。防治二点委夜蛾要采取农业防治与化学防治相结合的方法。

（1）农业防治的主要措施

麦收后使用灭茬机或浅旋耕灭茬后再播种玉米，或播后及时清除玉米苗基部麦秸、杂草等覆盖物，消除害虫发生的有利环境条件。

（2）化学防治的主要措施

① 撒毒饵。每亩用4～5千克炒香的麦麸，与兑少量水的90%晶体敌百虫，或48%毒死蜱乳油500克拌成毒饵，傍晚顺垄撒在玉米苗边。

② 撒毒土。每亩用80%敌敌畏乳油300～500毫升拌25千克细土，早晨顺垄撒在玉米苗边。

③ 灌药。可用48%毒死蜱乳油1千克/亩，在浇地时随水灌药；也可喷药，将喷头拧下，逐株顺茎滴药液，或用直喷头喷根颈部，药剂可选用48%毒死蜱乳油1 500倍液、30%乙酰甲胺磷乳油1 000倍液、2.5%

高效氯氟氰菊酯乳油 2 500 倍液或 4.5% 高效氯氰菊酯 1 000 倍液等，药液量要大，保证渗到玉米根围 30 厘米左右的害虫藏匿处。

为什么玉米播种后浇"蒙头水"要早浇、少浇？

"春争日，夏争时"，夏玉米播种要抢时早播，若墒情不足，可先播种后浇"蒙头水"，避免先灌溉影响播种机下地，耽误播种时间。播后浇"蒙头水"也要早浇，不能太晚，晚了容易造成出苗早晚不一，形成大小苗，甚至出现"回芽"现象。玉米要出苗，必须满足温

度、水分、空气3个条件，浇大水势必造成土壤空气不足，种子缺乏空气的结果是"粉种"和"烂种"。因此，浇"蒙头水"还要少量浇。

怎样鉴别玉米种子是新种子还是陈种子？

选购玉米种子时一定要鉴别种子的新陈，新种子活力强、发芽率高，是高产的首要条件。玉米种子的新陈可从以下几方面进行鉴别：

(1) 观察玉米种子的形态

新种子颜色鲜亮有光泽。陈种子由于长时间的贮存，自身呼吸消耗养分，颜色较暗淡，种子胚部较硬粉质较多，有些陈种子甚至胚部有细圆孔，手伸进种子中会沾有粉末，这些现象可判断为陈种子。

(2) 红墨水染色法

把红墨水和水按1∶60的比例配成溶液，把种子在溶液中浸泡15分钟，种胚没有被染成红色或染色较浅的为新种子。

(3) 包衣种子看颜色

包衣种子的色素会随着时间的延长而分解，所以颜色较浅较暗的包衣种子为陈种子。

玉米苗期用除草剂防除杂草如何避免药害？

(1) 分清品种，不盲目用药

目前施用的玉米苗后除草剂大多含烟嘧磺隆成分，有些品种对此敏感，易受药害，应根据药剂产品的各项说明，能用则用，不当用则不用。

喷施除草剂

(2) 二次稀释，水、药混合均匀

配药时定好水、药用量后，先将少量的水与药均匀混合，再将剩余的水加入，搅拌均匀后喷施，避免因水、药混合不均匀，出现这一片喷到药的地方杂草死亡了，那一片喷到水的地方杂草继续生长的"花脸地"除草效果。

(3) 早晚喷药，不中午喷药

在一天中温度较低的上午 9 时前，下午 4 时后喷药，不要在气温高、天气旱的中午前后喷药。

(4) 看苗喷药，看草喷药

玉米 2～5 叶期是苗后除草的最佳喷药时间，此期玉米抗性高，不易出现药害。在杂草 2 叶 1 心至 4 叶 1 心期，杂草有一定的着药面积，且抗性小，此时喷药除草效果最佳。

(5) 草虫兼治，不能盲目混药

苗后除草剂喷施的前后 7 日内，严禁喷施有机磷类杀虫剂，否则易发生药害，但除草剂可与菊酯类和氨基甲酸酯类杀虫剂混喷，喷药时要注意尽量避开心叶，防药液灌心。

 玉米一穴多株种植好不好？

玉米常规种植是一穴种一株。"一穴多株"则是一穴种 2～3 株，正确采用这种种植模式有一定增产效果。其好处是：可以增加密度，改传统的单株成行为多株成行，发挥了密植增产的作用；可扩大行距，改善田间小气候，解决了玉米在高密度条件下的通风透光矛盾，同时也有利于减轻病虫为害；由于"一穴多株"的玉米，地上相互支撑，地下根系盘根错节，抗根倒、茎倒能力明显提高；玉米行距加宽，便于机械化操作，减轻农民的劳动强度，提高工作效率。但"一穴多株"的优势仅限于一穴2~3株，超过3株则穴内株间竞争加剧，并不利于高产。

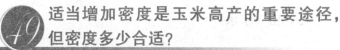

49 适当增加密度是玉米高产的重要途径，但密度多少合适？

　　玉米种植密度的大小直接影响玉米产量，实践证明，在一定范围内玉米的产量随着密度的增大而提高，现行生产中增密增产有一定潜力。但密度也不是越大越好，超过一定值后，增加密度反而使产量下降，所以确定适宜的密度很重要。合理的密度应因地制宜，根据品种特性、产量水平、土壤肥力及施肥水平等来确定。

① 亩产 400～500 千克的中产田适宜密度：平展型玉米杂交种每亩 3 000 株左右；紧凑型杂交种每亩 4 000 株左右。

② 亩产 500～600 千克产量水平适宜密度：平展型玉米杂交种每亩 3 500 株左右；紧凑中晚熟大穗型杂交种每亩 3 700～4 000 株，紧凑竖叶中穗型杂交种每亩 4 500 株左右。

③ 亩产 650 千克以上产量水平的适宜密度：紧凑中穗型每亩 5 000～5 500 株，紧凑大穗型每亩 4 500～5 000 株。

50 田间玉米苗为什么会出现紫红色？

(1) 植株缺磷

土壤中缺磷，满足不了玉米苗期的生长需要，根系生长发育受阻，幼苗生长缓慢。由于幼苗体内磷的含量逐渐降低，叶片由暗绿色变红或变紫。

(2) 田间积水

田间排水不良，土壤湿度大，影响了根系的呼吸、代谢作用，根系的生长受阻，导致植株营养不良而发红发紫。

(3) 低温

在东北地区，玉米种植较早，早春易因"倒春寒"产生冷害，造成玉米苗全株发红。这种情况，随着温度的升高，红苗现象会逐渐缓解，后期消失。

（4）药害、虫害

幼苗根系被地下害虫咬伤，吸水、吸肥能力变弱，导致幼苗变弱，形成红苗。药害、虫害等引起玉米苗代谢不正常、产生大量的花青苷，形成紫红色苗。

（5）其他原因

如土壤过于黏重、播种过深或过浅、施肥不当引起"烧苗"、药剂处理不当引起幼苗中毒等，都会导致紫红苗。若紫红苗大面积发生，须及时向当地农业部门的专家咨询，查明原因后有针对性地进行管理补救。

田间玉米总有大、小苗，怎么解决？

玉米要高产，必须提高植株整齐度，减少小苗，缩小苗间差异。所谓小苗，指的是苗期在株高、叶龄上比周围正常苗差一大截的那些幼苗。小苗夹在大苗中生长，叶片被遮光，竞争能力弱，结果是"一步跟不上，步步跟不上"，最终变成空秆株，降低群体产量。造成田间出现大小苗现象的原因有很多，主要是种子质量和大小不一致、播种质量和深浅不一致、浇水施肥不均匀、病虫为害、施药不合理等。应针对性采取预防措施：

（1）选用纯度高、发芽率高、籽粒饱满、整齐一致的种子播种。

（2）严把整地播种质量关，播种深浅一致，避免覆土过深或过浅，视土壤墒情合理镇压。

（3）种肥施用均匀，种、肥分开，严防肥料烧种烧苗。

（4）造墒播种，或播后及时浇"蒙头水"，浇水要均匀，避免漏浇或局部积水。

（5）合理、均匀施用除草剂，避免重喷、漏喷。

（6）严防病虫对幼苗的侵害。

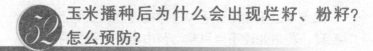

玉米播种后为什么会出现烂籽、粉籽？怎么预防？

（1）主要原因

① 播种后遇春寒低温或长时间干旱缺墒造成发芽缓慢，引发种子发霉或出现烂芽现象。

② 播种后，如果遇上连雨天，土壤中的水分过多，种子长期被浸泡，出苗受阻或发霉腐烂。

③ 播种过浅，遇上干旱或土壤墒情差，种子就会因水分不足而无法出芽，或是刚刚萌芽后便出现"芽干"现象。

④ 药害、肥害、虫害导致无法萌芽。

⑤ 种子质量差或霉变。

（2）预防措施

选用发芽率高、包衣合格的种子；掌握适宜播期；提高整地和播种质量；适墒播种，浇水均匀，遇雨涝及时排水；施种肥要种、肥分离，施用农药要均匀规范；及时防治地下害虫。

玉米果穗上籽粒发霉是怎么造成的？怎么防治？

玉米果穗上出现各种颜色的发霉籽粒被称为穗腐病，引起籽粒发霉的病菌很多，其中很多能产生对人和动物有害的毒素。穗腐病的发生与气候以及品种的抗性有关。在灌浆成熟阶段如遇到连阴雨，一些品种出现穗腐病，严重影响产量和质量。由于穗腐病发生在后期，因此控制方法主要是选用抗性强、果穗苞叶包裹紧的品种；实行轮作，清除病残体；合理密植和施肥，促进早熟，及时收获和晾晒，控制玉米螟等害虫为害穗部，减少伤口浸染的机会；在收玉米时，尽量拣除严重发霉的穗子，或在脱粒时注意去除霉粒。

 玉米果穗为什么会秃尖？怎么预防？

（1）秃尖的原因

① 密度过大造成营养不良。

② 雌穗分化后期出现干旱或者阴雨寡照等不利因素造成顶部小花分化不好或退化不育。

③ 抽雄前遇高温干旱造成雌雄花期不遇而造成顶部花丝不能授粉。

④ 授粉后期遇阴雨天气，造成顶部花丝无法授粉而秃尖、缺粒。

（2）秃尖的预防

① 根据当地气候及水肥条件选择适宜的品种。

② 根据不同的品种特点确定适宜的密度，提高播种质量，适当蹲苗，培育壮苗。

③ 调整播期，尽可能避免抽雄、吐丝期处于阴雨和高温环境。

④ 抽雄前加强肥水管理，避免"卡脖旱"。

⑤ 人工辅助授粉可以弥补因天气等原因造成的授粉不良，有效地防止秃尖的发生。

 怎样让玉米高产不倒伏？

（1）适当加深耕层，深耕能促进玉米根系发育和入土加深，能明显减轻后期倒伏程度。

（2）及时中耕培土，玉米拔节后及时培土，可促使植株产生大量支持根，使根系发达，减轻倒伏。

（3）合理肥水管理，施肥要以基肥为主，追肥不宜过多过早。肥料中应注意配合磷钾肥一起施用。

（4）苗期蹲苗，能使地上部节间缩短，根系入土深广。拔节后 1 次灌水量不宜太大，以防徒长。

（5）合理密植，依据品种特性合理密植或采用宽窄行种植方式，改善植株个体发育，能减轻倒伏。

（6）拔节期适时喷施矮化剂。

 玉米出现"卡脖旱"怎么办？

玉米抽雄前后一个月是需水临界期，对水分特别敏感。此时如遇严重干旱，雄穗或雌穗难以抽出来，似卡脖子，故名"卡脖旱"。出现"卡脖旱"的应对方法：

（1）积极开发一切可以利用的水源灌溉，可以直接增加相对湿度，缓解旱情，有效削弱"卡脖旱"的直接危害。

（2）采用竹竿赶粉或采粉涂抹等人工辅助授粉法，使落在柱头上的花粉量增加，增加授粉受精的机会。

（3）根外喷肥。用尿素、磷酸二氢钾水溶液及过磷酸钙、草木灰过滤浸出液于玉米破口期、抽穗期、灌浆期连续进行多次喷雾，增加植株穗部水分，能够降温增湿，同时可给叶片提供必需的水分及养分，提高籽粒饱满度。

（4）施用有机活性液肥或微生物有机肥，或喷洒植物抗旱增产调节剂等，可以减轻干旱的影响，促进增产。

玉米结穗后还需要施肥吗？

玉米出穗到成熟的时间较长，此期是产量形成的关键时期，适当增施攻粒肥，能延长植株中上部叶片的功能期，增加光合积累，延长根系的寿命，增强吸收和运输能力，能有效防止后期玉米脱肥而造成的茎叶早衰，促进籽粒饱满，减少秃尖长度，提高玉米的产量和品质。玉米抽雄前后 15 天，最迟不超过玉米吐丝期，是玉米攻粒肥的施用时期，过晚，易造成玉米贪青晚熟，影响下茬作物的播种。攻粒肥不易追施肥效期长的肥料，应施用速效氮肥，如尿素、碳铵和硫铵等，这些肥料见效快，有利于玉米淀粉的积累。

玉米出现涝害怎么补救?

玉米涝害的主要表现为,叶片由茎基部自下而上整片叶片逐渐褪绿呈紫红色直至全部失绿,颜色呈鲜黄色,黄而不枯,仍然挺立,主要是由于根系缺氧,不能正常代谢,影响玉米的光合作用。天晴后,轻者表现茎基部2~3片干缩,重者整株干缩而死,影响产量。因此当玉米出现涝害后要尽快采取补救措施。

(1) 及时疏通田间排水沟,千方百计进行排水,降低土壤含水量。

(2) 排水后要及时中耕松土,破除土壤板结,促进土壤散墒透气,恢复根系的呼吸作用,促进根系生长。

(3) 将出现倒伏的玉米扶正培土,提高垄沟的透光和通风能力。

(4) 追施速效氮肥,补喷叶面肥,促进玉米尽快恢复生长。

(5) 加强病虫害防治。涝灾后易发生各种病虫害如大小斑病、纹枯病及玉米螟等,应及时防治。

 为什么说"玉米去了头,力气大如牛"?

玉米在抽穗开花期间需要消耗大量的养分和水分,适时把雄穗拔除,可以节省雄穗所需要的养分和水分,供应给雌穗。同时,去雄还能改善植株中上部的通风透

光条件，增强叶片的光合作用，制造更多的有机物质。适时去雄，可以使籽粒饱满，增加产量。据试验，玉米去雄可增产5%～10%。所以人们形象地说："玉米去了头，力气大如牛。"但应注意，去雄的株数不能超过全田总株数的1/2（最好是隔行去雄），以免影响正常授粉。

玉米去头

60 玉米什么时候收获产量最高？

玉米应在充分成熟后收获。以下特征表现可作为玉米完全成熟的标志：

（1）外部表现

植株中下部叶片变黄，基部叶片干枯，果穗苞叶呈黄白色而松散，玉米灌浆停止，籽粒全部变硬并呈现出本品种固有的色泽，含水量30%左右。

（2）乳线完全消失

乳线也叫灌浆线，是在胚的背面籽粒硬质部分与乳质部分的一条横向分界线，一般在授粉后30天左右形成，随着玉米灌浆的进行，乳线由顶部向基部下移，直至消失，这是玉米完熟期的主要标志之一。

（3）黑色层形成

玉米籽粒基部与穗轴的连接处称为尖冠，去掉尖冠，成熟后的玉米籽粒有黑色层形成。

【三、水稻】

 为什么说"秧好半年稻"？

秧苗健壮是水稻丰产栽培的基础，常言道"秧好半年稻"，这是因为秧田期占整个水稻生育期的1/4～1/3，秧苗在秧田期中生长的好坏，不仅影响正常分化形成的根、叶、蘖等器官，且对秧苗移栽后返青、发根、分蘖乃至穗数、粒数等都有很大影响。壮秧移栽后发根快而多，返青早，抗逆性强，成穗率高，穗大粒多，比弱秧显著增产。各地不同的气候和耕作制度对秧苗有不同的要求。杂交水稻强调培育分蘖壮秧、常规品种要求扁蒲壮秧；有的地方采用小苗（2～3叶）移栽，也用中苗（4～5叶）、大苗（6～8叶）移栽。壮秧的共同表现是：

（1）生长健壮，苗体有弹性，叶片宽厚挺健，叶鞘短，假茎粗扁。分蘖秧要带有3个以上分蘖。

（2）生长整齐旺盛，叶色深绿，苗高适中，无病虫，绿叶多，黄、枯叶少。

（3）根系发达，根粗、短、白，无黑根。

（4）秧苗整齐一致，群体生长旺盛，个体差异小。

水稻常发稻瘟病，怎么有效防治？

由于稻瘟病的流行性、暴发性和区域性，防治上一般采取"预防为主，综合防治"的方针。

（1）农业防治措施

选用优质、高产、抗病或耐病品种，最好用2～3个抗病品种搭配种植或轮换种植；及时处理病谷、病稻草，以减少菌源；搞好播种前的种子处理，种子播种前晒1～2天，用泥水选种，再用1%生石灰水浸种2～3天，也可用50%多菌灵兑水浸种；施足基肥，根据苗情分期分次追肥，避免过量、过迟施用氮肥，适当增施磷钾肥；灌水要浅水勤灌、干干湿湿，分蘖后期适时搁田，以促进稻株健壮，增强抗病力。

（2）药剂防治方法

稻瘟病常发区应在秧苗3～4叶期勤检查，查到发病中心后及时用40%硫环唑悬浮剂或20%三环唑可湿性粉剂兑水喷雾；本田水稻返青后勤查，当叶瘟病株率达3%时用40%硫环唑悬浮剂或50%异稻瘟净乳油兑水喷雾，以后视病情发展和天气变化隔 6～7 天再喷药 1 次，叶瘟病的防治应着眼于保护易感染的分蘖盛期；穗颈瘟应在破口始穗期和齐穗期各用药 1 次，用 20% 三环唑可湿性粉剂或 40% 硫环唑悬浮剂喷雾防治。

 稻田养殖有哪些方式方法？

在稻田养殖方式上，最传统的有稻鱼型、稻蟹型、稻虾型、稻虾蟹型、稻鳝型、稻鳅型、稻鸭型。此外，不少地区在发展稻田养殖多种水生动物的同时，还开展了稻田种植莲藕、茭白、慈姑、水芹等与水产养殖结合的方式。稻田种养结合后，既稳定了粮食产量，又大幅度提高了种粮效益。

64 水稻种子冬季贮存有哪"六忌"?

（1）一忌不同品种混放

水稻品种较多，生育期有长有短，如果混放在一起，容易弄错播种期，影响水稻的产量，不同品种的稻种应该分囤或者分袋贮藏，并做好品种标记。

（2）二忌稻种含水量过高

稻种安全贮藏的含水量警戒线为 13%～15%，如果含水量过高，贮藏期间稻种的呼吸作用强，容易发热霉变，腐烂变质，降低种子发芽率。

(3) 三忌直接放在地上

不管用什么容器装稻种，都不能把稻种直接放在地上，一般情况下地面都比较潮湿，直接放在地上的稻种容易因为受潮而发生霉变，会降低稻种的发芽率。

(4) 四忌烟气熏蒸

贮藏期间如果长时间被烟气熏蒸，一会降低稻种的发芽率，二会影响稻种播种后秧苗的长势。

(5) 五忌与农药、化肥混贮

农药和化肥都有容易挥发的特性，如果与稻种混合贮藏，会导致稻种中毒，稻种的生命力也会因此大大降低。

(6) 六忌长期不翻晒

稻种贮藏时间长了容易吸收空气中的水分，若长期不翻晒，就会引起发热霉变，也容易遭到虫蛀。

65 水稻直播栽培能高产吗？

水稻直播栽培是指在水稻栽培过程中省去育秧和移栽作业环节，在本田里直接播种、培育水稻的技术。与移栽水稻相比，直播水稻从播种到成熟整个生育期缩短，但是生殖生长期没有明显缩短，并不影响水稻幼穗

分化和灌浆结实。直播水稻播种较浅，有效分蘖节位低，分蘖早生快发，有利群体发展，容易形成足穗。直播水稻大部分采用旱直播技术，土壤理化性状好，水稻根系容易下扎，根系活力强，有利于根系吸收，叶片功能期长，光合产物积累多，为水稻高产奠定了物质基础。水稻直播有高产的能力，且具有省工、省力、省秧田等优点，适合大规模种植。但直播稻要注意除草和防倒等问题。

 水稻苗为什么会发僵？怎么处理？

水稻僵苗，又叫坐蔸，在秧苗、移栽田和直播田均有发生，但主要是在移栽后至分蘖期间出现的一种生长停滞现象。造成水稻僵苗不发的主要原因有三点：

(1) 土壤有毒物质积累

稻田长期积水，造成土壤缺氧，加上施用过多未充分腐熟的农家肥，有机物分解、发酵产生大量有机酸及硫化氢等有害物质，根系受到毒害，形成僵苗。

(2) 主要营养元素不足

主要有缺磷、缺钾、缺锌三类。

(3) 药伤等其他管理失误

除草剂使用不当会造成药伤，稻瘟病会造成秧苗生长停滞，此外大雨之后没有及时排水会导致秧心长期被淹，阶段性高温或低温寡照等都会形成僵苗。

针对以上原因，需分类采取田间管理措施。对缺少各类营养元素造成僵苗的田块补施相应肥料；对有机物分解毒害物质造成僵苗的田块排水搁田，提高土壤通透性，排出毒害气体；对药伤等其他原因造成僵苗的田块，浅水勤灌等都能提高秧苗根系活力，促进植株分蘖，从而解除僵苗症状。

 水稻抽穗后为什么要采取"干干湿湿"灌溉？

水稻抽穗到成熟期是产量形成的关键时期，此阶段水分条件好，吸收的养分多，生产的光合产物多，产量就高。但抽穗后，根系和叶片的功能日渐减弱，要高产就必须维持根系和叶片有较高的功能。抽穗后，根系所需的氧气主要来自土壤，而土壤水分和氧气是相互矛盾

的，水多则氧少，且长期淹水还极易诱发病虫害。既保证根系对氧气的需要，又保证水稻对水分的需要，就成为抽穗后水分管理的关键。在水稻齐穗以后，做到"干干湿湿"，既为根系创造一个适宜的土壤环境，也能保证水稻对水的需要。具体做法是：在灌浆前期以湿为主，灌一次水保持4～5天，让水自然落干后1～2天再灌一次水；灌浆中后期以干为主，灌一次水保持2～3天，让水自然落干后2～3天再灌一次水，直到收获前5～7天断水。

水稻空瘪粒是怎么形成的？如何防治？

（1）形成原因

空瘪粒的形成原因有内因和外因两方面。内因主要是水稻抽穗前，雌、雄性器官发育不全，或抽穗扬花时，雌、雄性器官发育不协调，不能授粉而形成空壳。外因很多，如：

① 气候条件不利。抽穗开花时遇 20 ℃以下的低温，或遇 35 ℃以上的高温；在抽穗结实期间，阴雨天气较多、光照不足；开花期间遇大雨或连续阴雨导致湿度过大，均会影响受精和结实，形成空瘪粒。

② 栽培措施不当。前期氮肥施用过多或过少或缺少磷钾肥，抽穗扬花期缺水或排水不良，中期搁田时间过长、过重，后期断水过早等，都会增加空瘪粒。

③ 播种时间偏迟、种植密度过高、病虫害防治不力等，也会增加水稻空瘪粒。

（2）防治措施

① 选用耐寒或耐热、耐肥抗倒、抽穗整齐一致、后期不易早衰、抗病虫能力强的品种，遇到不良环境，可减少影响，保证有较高的结实率。

② 适期播种移栽，使抽穗扬花期避开高、低温的伤害。

③ 合理密植，防止过早封行，影响通风透光；合理施肥灌水，防止贪青、早衰，为穗粒的形成创造良好的条件。

④ 在孕穗到抽穗开花期，如遇到高温或低温，应及时采取措施，根外喷施过磷酸钙溶液或磷酸二氢钾溶液，增强稻株抗性，减轻为害，提高结实率。

什么是旱稻？旱稻栽培有什么特点？

旱稻又称陆稻，性耐旱，是适于旱地种植的栽培稻，是水稻的变异型。与水田生长的"水稻"不同，旱稻一生无需水层，通常是在旱地或干田直播后靠雨养，或在此基础上适量补充灌溉。旱稻栽培的特点：

（1）旱稻能充分利用自然降水，使水稻的种植不再受人工灌水的限制，从而可大力扩大水稻种植面积，提高稻谷产量。

（2）有利于对低洼地、水沙地、河边、山间出水地的改造。这样的地块作为水田缺少灌溉条件，作为旱田夏季易涝，常年粮食产量极低，而改为种旱稻可提高产量和效益。

（3）旱稻能充分利用自然降水，节约了大量的农业用水，降低生产成本，提高经济效益。

应注意，旱稻不适宜长期连作，田间杂草较多且生长快，应及时防治。

旱稻能充分利用自然降水

旱稻

有利于对低洼地、水沙地、河边、山间出水地的改造

降低生产成本

【四、马铃薯】

70 **什么是脱毒马铃薯？脱毒马铃薯是怎样产生的？**

马铃薯脱毒是指经过一系列物理、化学、生物或其他技术措施清除马铃薯体内的病毒，获得经检测无病毒的种薯。脱毒种薯是马铃薯脱毒快繁种薯生产体系中各种级别种薯的统称。国家制定有马铃薯脱毒种薯的标准。

　　将准备脱毒品种的薯块在室内进行催芽、消毒处理；在超净工作台无菌条件下，切取 0.2 毫米左右茎尖分生组织，移植于试管中培养出试管苗；试管苗经过病毒检测和真实性鉴定，筛选出真实且不带病毒的脱毒苗；经过切段快繁和在温室、网棚内繁殖，获得脱毒微型小薯或原原种；再繁殖即可获得原种，原种再繁殖成一级种薯和二级种薯，经过上述途径获得的种薯统称为脱毒种薯。

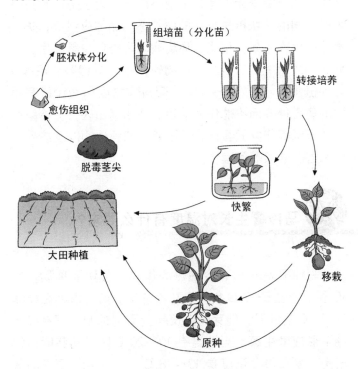

 连作对马铃薯有什么不利影响？

一般情况下，马铃薯被认为是一种土壤洁净作物，非常适合作为禾本科作物的前茬。另外，马铃薯叶冠覆盖面较大，不利于田间杂草的生长，而且马铃薯收获时将土壤耕翻可将杂草连根杀死。但是，有多种病害可以在土壤中多年存活并传播，连作会加重病害发生，因此，在安排轮作时应首先避免有相同土传病虫害的作物连作。南方冬季无严寒，土壤不结冻，为了防止收获时留在田间的薯块再生长，前后茬不同品种应混杂，防止土传病虫害（如青枯病、环腐病、晚疫病、黑胫病、疮痂病和线虫）的流行。在作物轮作中，马铃薯应每隔4年种植1次，最好5～6年。茄科作物因和马铃薯有相同的病害侵染而不能作为前茬。在西南山区，马铃薯可以和玉米等作物间套作，但不能与茄科作物以及易受蚜虫为害的油菜等间套作。

 马铃薯生长对温度有什么要求？

马铃薯是一种喜冷怕热的作物。薯块播种后，在10厘米地温5～7℃条件下开始萌芽。如果播种后持续5～10℃的低温，幼芽的生长就会受到抑制，不易出土甚至形成梦生薯。当地温在10～20℃时，幼芽能很快出土，发育最适温度是13～18℃。茎叶生长要求的最适温度为 17～21℃，最低温度为 7℃。当日平均温度达到 25～27℃时，生长就会受到影响，呼吸作用旺盛，光合作用降低，同时蒸腾作用加强。日平均温度达到 29℃以上时，植株呼吸作用过旺，结薯延迟甚至匍匐茎伸出地面变为地上茎。

块茎膨大的适宜温度为 16～19℃，超过 20℃，块茎生长渐慢，当温度达到 30℃左右时块茎停止生长。幼苗在 -2～-1℃时会受冻，低于 -4℃植株就会死亡。

地温-2～-1℃，幼苗受冻 ➡️ 地温30℃左右，块茎停止生长

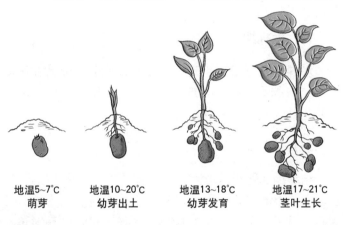

| 地温5~7℃ | 地温10~20℃ | 地温13~18℃ | 地温17~21℃ |
| 萌芽 | 幼芽出土 | 幼芽发育 | 茎叶生长 |

马铃薯生长对水分有什么要求？

马铃薯每形成 500 克干物质需水量约 200 千克。当马铃薯田完全为植株冠层覆盖时，每天蒸腾水分 2～10 毫米。耗水量大小受多种因素决定，如土壤质地、气温、密度、风速、空气湿度等。

马铃薯不同生长时期对水分的要求不同。

（1）发芽期

发芽期仅凭薯块内贮存的水分能正常生长，待芽条发生根系从土壤吸收水分后才能正常出苗。此期要求土壤保持湿润状态，这样的通气利于根系生长。

（2）幼苗期

幼苗期土壤水分保持在田间最大持水量的50%～60%，有利于根系向土壤深层发展，以及茎叶的健康生长、提早结薯。

（3）发棵期

发棵期茎叶迅速生长，前期土壤水分应保持在田间最大持水量的75%～80%，后期逐渐降至60%，适当控制茎叶生长，以利块茎膨大。

（4）结薯期

结薯期块茎迅速膨大，这时除了要求土壤疏松透气，还应保持土壤水分充足、均匀、持续供应。土壤水分应保持在田间最大持水量的80%～85%，接近收获时逐步降至50%～60%，以利块茎周皮老化，便于收获。

 马铃薯对土壤有什么要求？盐碱地能种植马铃薯吗？

马铃薯块茎生长需要土层深厚、土质疏松、通气良好、保水力适中的沙质土壤和轻沙壤土。通气性和透水性差的重黏土或低洼排水不良的下湿地，不适宜种植马铃薯。有机质含量高的土壤不但有利于马铃薯生长发育，而且能不断供给马铃薯生长所需的营养元素。马铃薯具有耐酸能力，但抗碱能力很弱，对土壤酸碱度的适应范围在 pH 4.8～7.5 之间，而以 pH 5.5～6.0 最为适宜。马铃薯不同品种对盐碱的适应能力也不同。一般耕层土壤含盐量在 0.25% 以下时能正常生长。pH 超过8.0，应增施有机肥，有机肥不但富含多种营养元素，而且能改善土壤结构，减轻碱对马铃薯的危害。碱性土壤种植马铃薯切忌施用碱性肥料，应施用酸性肥料，如过磷酸钙、硫酸铵、硝酸铵、石膏粉等。

 马铃薯对矿质元素的需求有什么特点？

马铃薯吸收量最多的矿物质养分为氮、磷、钾，其次是少量的钙、镁、硫和微量的铁、硼、锌、锰、铜、钼、钠等。各个生长时期对氮、磷、钾的需求量不同。幼苗期很少，分别占总量的 19%、17.5%、17%；发棵期需求量猛增，分别占总量的 56%、48.5%、49%，主要分配茎叶，占 67%，块茎占 33%；结薯期需求量分别占总量的 25%、34%、34%，以块茎为主，占72%，茎叶占 28%。对钙、镁、硫的吸收，幼苗期极少，吸收速度也缓慢，发棵期陡增，直到结薯期后又缓慢下来。马铃薯吸收微量元素极少，每公顷块茎产量20.1 吨，吸收的铜 44 克、锰 42 克、钼 0.74 克、锌 99克。马铃薯需要的氮、磷、钾，除由土壤提供外，大部分靠基肥和追肥补给。一般情况下，每生产 1 000 千克块茎，需从土壤中吸收 4～6 千克纯氮、1.66～1.85 千

克五氧化二磷、8～10 千克氧化钾。

 如何选择适合当地的马铃薯品种？异地引种时应该注意哪些问题？

优良品种的选用首先要考虑品种的成熟期，适应当地的栽培气候条件；其次要考虑品种的专用性和用途，根据市场需求，选择适宜的品种。总体说来，北方一作区应当根据无霜期的长短，选择生育期较长的中、晚熟品种为主，还要求品种具有较长的休眠期、较好的贮藏性、较强的抗逆性和良好的丰产性。中原二作区和南方冬作区适宜生育期较短的品种，一般以早熟、鲜食型品种为主。

马铃薯异地引种应遵循从高纬度向低纬度引种、从冷凉的地区向温暖的地区引种、从高海拔地区向低海拔地区引种的原则。另外，引种时一定要了解调出地区病虫害的发生情况以及有无检疫对象。绝对不能在引种的同时引入新的病虫害。

 如何确定马铃薯播种期？播种过早或过晚有哪些不利影响？

北方一作区和西南山区大春马铃薯播种时期的依据是当 10 厘米地温稳定在 7～8℃时即可播种。也可根据晚霜来临的时间而定，一般在晚霜来临前 30 天是适合的播种期。二作区范围广阔，春季播种时期同样要根据 10 厘米地温稳定在 7～8℃时方可播种。采取覆盖栽培，则可提早播种。二作区秋马铃薯播种时期确定，秋马铃薯既要尽可能避开高温季节，又要力争在早霜前成熟。可根据当地早霜时间和品种生育期确定。也可掌握在日平均气温 25 ℃左右时播种。一天内的播种时间，晴天最好安排在上午 10 时前和下午 4 时后，以避免高温下种薯呼吸作用过旺，造成黑心而腐烂。阴天则可整日播种。播种时边开沟播种边覆土。不能将种薯长时间暴露在烈日下。播种过早则易产生梦生薯影响出苗，造成缺苗断垄，不可能获得高产。在北方播种过早，出苗后易受晚霜危害；播种过晚，则产量明显减产。

当 10 厘米地温稳定通过 7～8℃时即可播种

 播前催芽晒种对马铃薯生长有哪些好处？如何进行催芽晒种？

催芽播种和不催芽相比有延长生育期、提早出苗、提早结薯的作用。据试验，催芽晒种比不催芽增产

10%～29%，是一项经济有效的增产措施。在催芽过程中可发现感染病害的块茎，及时淘汰感染病毒的纤细芽块茎和烂薯，做到全苗。晒种是关键，晒种过程中在芽的周围形成了原始的根状突起，播种后比不催芽者早发根，且根系强大，提高了马铃薯整个生育期对水分和养分的吸收能力。

播种前 15～20 天出库（窖），逐渐升高温度 10～20℃，在黑暗条件下催芽。催芽期间上下翻动，使幼芽均匀一致。芽长 0.5～1 厘米时移至室外，在 5～15℃条件下晒种 7～10 天。晒至薯皮变绿，幼芽变为紫绿色壮芽为宜。

 马铃薯常用的催芽方法有哪些？

（1）室内催芽法

选择通风凉爽、温度较低的地方，把马铃薯切成小块，再用凉水洗净、晾干后在室内用湿润沙土分层盖种催芽，堆积 3～4 层，面上盖稻草保持水分，温度保持在 20℃左右。

（2）赤霉素催芽法

用 5～8 毫克/千克的赤霉素浸种 0.5～1 小时，捞出后随即埋入湿沙床中催芽。沙床应设在阴凉通风处，铺湿沙 10 厘米，一层种薯一层沙，摆 3～4 层。经 5～7 天，芽长达 0.5 厘米左右即可炼芽播种。

（3）温室大棚催芽法

如果地面过干，喷洒少量水使之略显潮湿后，铺一层薯块，撒一层湿沙，这样可连铺 3～5 层薯块，最后上面盖草苫或麻袋保湿，但不能盖塑料薄膜。经 5～7 天，芽长达 0.5 厘米左右即可炼芽播种。

（4）育苗温床催芽法

可利用已有的苗床，也可现挖一个苗床。将床底铲平后，每铺一层薯块撒一层湿沙，铺 3～5 层薯块，最后在沙子上面盖一层草苫。苗床上建好竹拱，盖严薄膜，四周用土压好。

 马铃薯块茎空心是怎么产生的？栽培过程中如何防止马铃薯空心？

把马铃薯块茎切开，整个块茎中心有一个空腔，呈星形放射状，空腔壁为白色或浅棕色木栓化组织，煮熟时会感到发硬发脆。块茎急剧膨大是造成空心的原因。生育期多肥、多雨或株间过大，块茎急剧增大，大量吸收水分，淀粉再次转化为糖，造成块茎体积大而干物质少，因而形成空心。

马铃薯空心严重影响马铃薯的商品性，尤其是薯条加工和薯片加工。防止空心形成的措施有：

（1）防止缺株

播种时做到行距、株距均匀一致，减少因缺株造成周围植株营养过剩而引起块茎内细胞分裂过快出现空心。

（2）水肥管理均匀一致

从块茎形成直到淀粉积累期不能干旱缺水，使耕层土壤始终保持湿润状态。

（3）高培土

加厚培土层不仅可防止青头薯产生，而且高培土使土壤温度和土壤湿度稳定，减少空心产生。

（4）分别播种

顶部芽和侧芽分别播种，使出苗、生长整齐一致，减少空心。

81 马铃薯主要有哪些土传病害？

土传病害是指病原菌随植株病残体或以病菌孢子、菌丝体等形式潜伏于土壤中，待下一栽培季节遇到寄主后，开始新的侵染循环。它以土壤传播病原菌为主，但种薯也是主要的带菌媒体。马铃薯土传病害主要包括黑痣病、干腐病、疮痂病和粉痂病等。土传病害的防治一方面要减少土壤中的侵染源，另一方面要减少种薯中所携带的病原菌。因此，综合防治是控制土传病害的有效防治途径。

82 如何防治马铃薯黑痣病？

马铃薯黑痣病又称"立枯丝核菌黑痣病""黑色粗皮病""茎溃疡病"，是一种土传真菌性病害。主要表现在马铃薯的表皮上形成黑色或暗褐色的斑块，即黑痣病菌核。防治方法有：

(1) 选用抗病品种

适当选用早熟品种能够减轻该病害发生。

(2) 生物防治

木霉菌对立枯丝核菌类的病害具有良好的防治效果。

(3) 农业防治

① 与燕麦、大豆等非寄主作物轮作，如果病害发生比较严重应最少进行3~5年轮作。

② 选用块茎表面没有菌核的种薯。

③ 加快出苗。适期晚播，测定土温，播种厚度不超过5厘米，尽量缩短出苗时间，减小病原菌侵染幼芽的概率。

④ 出苗前应尽量减少灌溉，合理控制土壤温度。

(4) 化学防治

① 种薯处理。用2.5%适乐时种衣剂（咯菌腈）切种后包衣，每100千克种薯需100~200毫升种衣剂，

阴干后播种；或用 2.5% 适乐时种衣剂（咯菌腈）10 毫升、农用链霉素 3 克兑水 1 千克均匀地喷施在 100 千克种薯上；或用 70% 甲基托布津 100 克、农用链霉素 25克和滑石粉 2.5 千克充分拌匀。

②药剂沟施。播种时每亩用 25% 阿米西达悬浮剂80～100 毫升兑水 30 千克喷施在播种沟内，播种后覆土。

 如何防治马铃薯干腐病？

马铃薯干腐病又名"枯萎病"，是一种真菌性病害，病菌侵染可发生在块茎膨大期、收获、运输及种薯切块过程中。初期薯块表皮局部颜色发暗、变褐色，以后发病部略微凹陷，逐渐形成褶叠，呈同心环纹状皱缩；后期薯块内部变褐色，常呈空心，空腔内长满菌丝；最后薯肉变为灰褐色或深褐色、僵缩、干腐、变轻、变硬。剖开病薯可见空心，空腔内长满菌丝，薯内则变为深褐色或灰褐色，最后整个块茎僵缩或干腐，不能食用。

(1) 生物防治

哈茨木霉 T-22 菌株能够抑制作物的立枯菌核菌、腐霉等一些真菌的生长，用其处理种子、灌溉温室土壤或进行沟施，能够在作物根系的所有部位定植，且能维持很长时间，在温室及田间具有明显的防效。

(2) 农业防治

加强田间管理，清除田间病株及枯枝落叶，减少土壤菌落。

(3) 化学防治

① 种薯处理。用2.5%适乐时种衣剂（咯菌腈）切种后包衣，每100千克种薯需100～200毫升的种衣剂，阴干后播种；或好立克（43%的悬浮剂，有效成分为戊唑醇）沟施，剂量为推荐浓度。

② 药剂沟施。播种时沟施25%阿米西达悬浮液，每亩施用80～100毫升，240克/升噻呋酰胺悬浮液每亩施用130毫升。

③ 贮藏库施药。入库前剔除病、伤薯，用224毫升好力克处理1吨种薯能防治贮窖期间的干腐病。

马铃薯干腐病为害症状

块茎病部横剖面

如何防治马铃薯疮痂病?

疮痂病块茎染病先在表皮产生浅棕褐色的小突起，逐渐扩大，木栓化，表面粗糙，后期在病斑表面形成凸起或凹陷型疮痂状硬斑块。病斑仅限于表皮，不深入薯内。防治方法有：

(1) 轮作

疮痂病的发生与轮作关系密切，因此尽可能与葫芦科、豆科、百合科等非块茎类蔬菜进行轮作，最好4～5年轮作1次。

(2) 使用抗病品种

播种时最好选用抗病品种，最好选褐色、厚皮品种。

(3) 农业防治

土壤 pH 5.0 以下疮痂病就很少发生，栽培马铃薯应选择偏酸性土壤。在其他条件相同的情况下，小水多次浇灌。

(4) 化学防治

种薯可用 0.1% 对苯二酚浸种 30 分钟，或 0.2% 福尔马林溶液浸种 10～15 分钟。

(5) 生物防治

沟施或在苗期及块茎膨大期滴灌 1 000 亿/克枯草芽孢杆菌，可有效抑制疮痂病菌。

 如何防治马铃薯粉痂病？

粉痂病块茎染病初期在表皮上出现针头大的褐色小斑，有半透明晕圈，后小斑逐渐隆起、膨大，成为大小不等的"疤斑"，随病情的发展，"疤斑"表皮破裂，反卷，皮下组织呈现橘红色，散出大量深褐色粉状物。

防治方法有：严格检疫，对疫区加强封锁，禁止外调；实行轮作；加强田间管理，高畦栽培，避免大水漫灌；增施基肥和磷钾肥，多施石灰或草木灰；选用无病种薯，必要时可用嘧菌酯或精甲霜灵种衣剂喷种，晾干播种。

马铃薯粉痂病为害症状

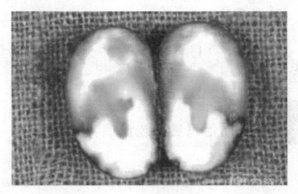

块茎病部横剖面

 马铃薯黑心是怎么产生的？如何防治？

　　块茎黑心主要在块茎中心部发生，中心部呈黑色或褐色，变色部分轮廓清晰、形状不规则，有的变黑部分分散在薯肉中间，有的变黑部分中空；变黑部分失水变硬，呈革质化，放置在室温下还可变软。有时切开薯块无病症，但在空气中，中心部很快变成褐色，进而变成黑色。

　　发生的原因主要是高温和通风不良。贮藏的块茎在缺氧的情况下，40～42℃时1～2天、36℃时3天、27～30℃时6～12天即能发生黑心。即使在低温条件下，若长期通风不良，也能发病。黑心多发生在运输过程中、刚收获后和块茎堆积过厚等情况下。块茎内部本来就缺氧，在高温条件下，由于呼吸增强，耗氧多，进一步造成了缺氧状态。

  防治方法：首先，改良薯块贮运条件，散埋贮存时避免过厚，并选阴凉、通风处。其次，装袋时要避免采取不透气的塑料袋，并避免强光长时间照射。最后，生理性黑心薯块，不宜作种，会引起糜烂而不出苗。

马铃薯黑心症状

项目二
杂粮作物

 如何防治谷子白发病？

谷子白发病的病原菌为禾生指梗霉，是影响谷子产量的主要病害之一。谷子白发病为系统性侵染病害，从发芽到穗期陆续显症，有芽死、灰背、白尖、枪秆、刺猬头等为害症状。病菌的侵染主要发生在谷子的幼芽期。种子萌发时，土壤、肥料中和种子表面的卵孢子同时萌发，以芽管侵入谷子幼芽芽鞘，随着生长点的分化和发育，菌丝达到叶部和穗部。防治方法有：

(1) 农业防治

选择抗病品种，建立无病留种田；实行2～3年轮作制；拔除病株，烧毁或深埋。

(2) 种子处理

温汤浸种，即用55℃温水浸种10分钟，漂洗晾干后播种。

(3) 药剂拌种

用50%苯来特或50%多菌灵可湿性粉剂，按种子重量的0.2%～0.3%拌种，或用35%的阿谱隆按种子重量的0.3%～0.4%拌种，或用瑞毒霉锰锌按种子重量的0.3%拌种。

怎样选择糜子品种？

糜子又称"黍"或"稷"，分粳性和糯性两种类型。籽粒脱壳后称为"黄米"或"大黄米"，食用方法与大米一样，粳性黄米用于制作米饭，糯性黄米用于制作年糕和粽子等。种植糜子要根据黄米的食用或加工用途选择品种，粳性糜子品种的黄米适口性要好些，适于做米饭，糯性糜子品种的黄米糯性要强些，适于制作糕点等。

辨认糜子粳、糯性主要从糜子籽粒的物理性状看，半透明且断面角质者为粳性糜子，不透明且断面粉质者为糯性糜子。

粳性黄米：用于制作米饭

糯性黄米：用于制作年糕、粽子等

糜子优良品种应选择纯度不低于90%，净度不低于85%，水分不高于13%的饱满、色泽光亮、无杂质和异色粒的糜子做种子。我国糜子生产上主要推广品种有内糜、宁糜、陇糜、晋黍、榆糜、龙黍和陕糜系列等品种。

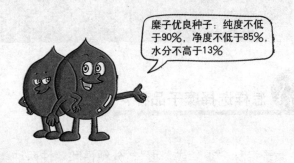

糜子优良种子：纯度不低于90%，净度不低于85%，水分不高于13%

 89 如何减少糜子间苗？

糜子籽粒小，千粒重6～8克，每千克种子12.5万～16.7万粒，每亩留苗3万～4万株。传统的糜子播种方式不容易控制播种量，每亩种子量一般在 0.6～1 千克，按 80% 的出苗率计算，大粒品种出苗在 6 万～8 万株，小粒品种出苗在 8 万～13 万株。为了减少糜子间苗用工量和降低劳动强度，播种前，取种子量的 25%～30% 的种子用沸水煮 10 分钟，捞出后晒干、与原来的种子混匀进行播种，可以有效地减少糜子间苗用工。

有条件的地方可以进行机械化精量播种，每亩播种量 0.2～0.3 千克，机播行距 33 厘米，穴距 4～5 厘米，每穴 2～3 粒，出苗后不用间苗。

怎样选择荞麦品种？

荞麦是我国北方重要的米面兼用作物，一般先将荞麦加工成荞麦米，然后再将荞麦米加工成粉。荞麦米多用于制作米饭或煮汤，荞麦粉多加工成各种面食。荞麦种植在无霜期短的高寒山区或山区旱地。

（1）优良荞麦品种特点

粒色一致，异色率在 5% 以下；粒型整齐，大小均匀，有棱，易脱壳，出米率 78% 以上，不完善米粒在 3% 以下；其面条、煎饼、凉粉、碗托要筋道，口感要好。适于加工荞麦米的品种有温萨、西农 9976 和西农 9978 等。

（2）优良苦荞品种特点

粒色一致，异色率在 1% 以下；粒型整齐，大小均匀，腹沟浅，易脱壳，出米率 60% 以上。适于加工苦

荞米的品种有西农 9940、西农 9920、榆 6 - 21、云荞 2
号、黔苦 5 号和昭苦 2 号等。

 荞麦机械化收获有哪些注意事项？

　　荞麦花序是一种混合花序，既有有限花序，也有无
限花序，花期较长，20～30 天，因此籽粒成熟不一致，
一般全株 2/3 籽粒成熟即籽粒变为褐色、灰色，或呈现
本品种固有色泽时为适宜收获期。收获太早或太晚，均
会影响籽粒产量。

　　荞麦收获应选阴天或早晨露水未干时进行，以防落
粒造成损失。荞麦没有专门的收获机械，为减少田间落
粒，促进籽粒后熟，多采用收割、脱粒两段收获技术，
即先用割晒机收获，在田间放置 7～10 天，使尚未成熟
的籽粒达到成熟，然后再选用自动捡拾脱粒机或固定脱粒
机进行脱粒。机械收割时适当调整割台和作业高度，控制
收割机的转速，减少割片与荞麦植株的碰撞强度，可有效
减少成熟籽粒落粒；收获时留茬高度应小于 10 厘米。用
联合收割机进行一次性收获，虽然速度快，效率高，但损
失较严重，一方面，造成已经成熟的籽粒大量落粒；另一
方面，造成尚未成熟的籽粒破碎或缺乏后熟成为秕粒。

 怎样选择高粱优良品种？

　　高粱品种有粳、糯两种，粳性高粱品种直链淀粉含
量多，支链淀粉含量少，粒质坚硬；糯性高粱品种直链

淀粉含量少，支链淀粉含量多，粒质松软。选择高粱品种应注意当地的无霜期和品种的生育期，防止品种生育期太长或太短造成高粱减产。北方多种植粳性高粱，用于酿造，制作白酒，主要粳性高粱品种有辽杂系列、晋杂系列等；西南多种植糯性高粱，也用于酿造，制作酱香型白酒，主要糯性高粱品种有红缨子系列等。在农业机械化发达的地区种植高粱，应注意选择适于机械收割和脱粒的高粱品种。

如何防治青稞黑穗病？

青稞黑穗病又叫"火烟包"，又分为散黑穗病、坚黑穗病和半坚黑穗病3种，是青稞最普遍的病害之一。一旦遭受其危害，产量损失严重。防治方法有：

（1）药剂拌种

用15%的粉锈宁或立克锈拌种，每50千克种子用粉锈宁或立克锈20~30克拌种。

（2）土壤消毒

采用田间撒施药土进行土壤处理，每亩用沙土10~15千克，粉锈宁或立克锈50~70克，混合均匀制成土药。

（3）石灰水浸种

0.5千克石灰加清水50千克，兑成1%的石灰水，

每 50 千克石灰水浸种青稞 30 千克，浸种过程不需搅拌。

（4）农业防治

实行 3 年以上轮作倒茬；拔除病株，将其烧毁或深埋。

 怎样选择薏苡品种？

薏苡品种有粳、糯两种，粳性薏苡品种直链淀粉含量多，支链淀粉含量少，粒质坚硬；糯性薏苡品种直链淀粉含量少，支链淀粉含量多，粒质松软。糯性薏仁米煮饭口感柔滑。

选择薏苡品种时注意当地的无霜期和品种生育期，防止因为品种生育期太长或太短造成薏苡生产损

失。目前，薏苡品种有贵州的黔薏系列、福建的闽薏系列和云南的文薏系列，各地可根据薏苡籽粒的用途、当地无霜期、种植习惯选择适宜当地种植的薏苡品种。

在农业机械化发达的地区种植薏苡，应注意选择适合机械化收割脱粒的专用薏苡品种。此外，薏苡黑穗病在各地经常发生，用 75% 的五氯硝基苯 0.5 千克拌种 100 千克，或在播种前用种子重量 0.4% 的粉锈宁或多菌灵拌种也可防治。

薏苡人工辅助授粉如何进行？

薏苡雄小穗位于雌小穗之上，雄穗开花先于雌穗 3～4 天，每一雄穗花期可以持续 3～7 天。一般上午 9～10 时开始开颖散粉，中午 12 时左右结束。晴天微风对扬花授粉有利。长时间阴雨不利授粉。因此，在开花盛期，以绳索等工具振动植株，使花粉飞扬，进行人工辅助授粉，可以提高薏苡结实率。

如何防治芸豆病虫害？

(1) 芸豆主要病害

根腐病是芸豆生产的重要病害之一，由于根部腐烂，吸收水分和养分的功能逐渐减弱，造成全株死亡。

芸豆根腐病主要表现为整株叶片发黄、枯萎。防治方法有：

①选择安全、高效、低毒的种衣剂进行种子包衣，能够有效防治芸豆根腐病等多种土传病害的发生。

②实行3～4年轮作，深翻改土，增施有机肥料，适当使用氮肥，改善土壤结构，提高保肥保水性能，促进根系发达。

(2) 芸豆主要虫害

芸豆虫害有地下害虫和生长期害虫两类，主要为害根系、叶片和鲜荚。防治方法有：

地下害虫可用克多丹、地卫士和地虫统杀等药剂进行防治，每亩用量800～2 400克。生长期虫害发生时，可用4%的高效氯氰菊酯喷雾，或10%吡虫啉可湿性粉剂每亩10克稀释2 500～3 000倍液喷雾防治。

97 如何防治豆象？

豆象又名"豆牛""豆猴""铁嘴"，属鞘翅目豆象科，在贮粮仓和田间均能繁殖为害，是绿豆、小豆、豌豆等杂豆贮藏期的主要害虫。常将籽粒蛀食一空，丧失发芽能力，甚至不能食用。防治方法有：

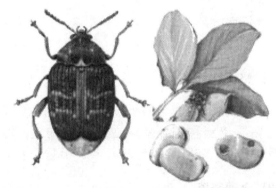

（1）分别在始花期、盛花期、终花期用 40% 辛硫磷乳油或 40% 水胺硫磷配制成 1 000～1 500 倍液喷雾防治，每隔 5～7 天 1 次，连续防治不少于 3 次，并做到连片防治。

（2）将脱粒晒干后的豆子集中在密闭的房内用氯化苦或磷化铝进行熏蒸，其杀虫效果可达 100%。氯化苦用量：每立方米 30～40 克，熏蒸 48 小时，如气温低于 20℃，则熏蒸 72 小时；磷化铝用量：每 1 000 千克豆粒，用药量 3 克（1 片），密闭 3～5 天。凡熏蒸处理的豆粒，必须在通气后才能食用，氯化苦熏蒸期为 2～3 天，磷化铝为 3～5 天。

（3）开水烫种。家庭少量豆粒的存放，可以把装有豆粒的竹篮放进开水锅内，让水浸没豆粒，上下搅拌 30 秒后取出放入备好的冷水中，使温度迅速下降，然后取出摊开晒干，可将豆象全部杀死，且不影响豆粒的品质和发芽。

 种植鲜食蚕豆有哪些主要技术？

鲜食蚕豆粒大，口感好，营养丰富。鲜食蚕豆栽培技术要点有：

（1）整地施肥

选择耕层深厚、富含有机质、排水良好、保水保肥力强的黏质壤土种植，基肥在耕翻前施入，每亩施 1 000 千克腐熟农家肥加磷肥 20 千克、钾肥 5 千克。

（2）合理密植

每亩种植 2 800 株为宜，即行距 0.8 米，株距 0.3 米，每穴播 2 粒。每亩播种量 8.5 千克。播深控制在 3 厘米左右。

（3）科学施肥

在施足基肥的基础上，苗期每亩可追施尿素 5 千克、过磷酸钙 10～15 千克、氯化钾 10 千克左右，以保证蚕豆结荚需要，后期可以进行叶面肥喷施。

(4) 及时整枝打顶

蚕豆茎基部的一级分枝为有效分枝，高节位一级分枝和二、三级分枝多为无效分枝，应及早去除。去除无效分枝需在蕾期分次进行，并在初花期按每亩留1.6万～2.0万枝（每株留6～8个分枝）的要求定枝。当半数植株开始形成第一节，即植株上出现由6～7片小叶组成的复叶时，选晴好天气进行打顶，打顶以摘除1叶1心为度。

(5) 综合病虫害防治

在播种时选用辛硫磷拌种防除地下害虫，苗期、开花期、结荚期选用1.8%阿维菌素每亩30克或10%吡虫啉每亩30克，兑水50千克喷雾，防治斑潜蝇、蚜虫；选用70%的代森锰锌每亩100克或三唑酮每亩100克或72%农用链霉素每亩14克，兑水50千克喷雾，防治蚕豆锈病、赤斑病、褐斑病、茎疫病等。当第一次打尖后，要及时喷施一次粉锈宁；初花期和二次打尖后及时进行蚜虫防治。

(6) 及时收获

开花后25～30天，当豆荚饱满、籽粒呈淡绿色、种脐尚未转黑时即可采收上市。

绿豆地膜覆盖栽培有哪些主要技术？

地膜覆盖栽培是提高绿豆产量和品质的重要途径之一。主要栽培技术有：

（1）选地施肥

选择肥力中上等的沙壤、轻沙壤土，实行 3 年以上轮作制。一次性施足基肥，生育期间不再追肥。亩施腐熟有机肥 1 000 千克、碳酸氢铵 30 千克、磷酸二铵 10 千克。

（2）覆膜播种

5 月上中旬播种，采用机播或人工点播，机播连同覆膜、施肥、点种一次完成；人工点播需先耕地施肥再覆膜，然后人工打孔点种，行距 40 厘米，株距 25 厘米，每亩留苗 4 000~4 500 株。

（3）田间管理

覆膜点种后遇雨及时破除板结，在两片真叶和第一复叶出现时进行间苗、定苗。

（4）防治病虫害

及时防治叶斑病、病毒病和红蜘蛛、蚜虫。

（5）及时采收

植株上的成熟荚应及时采摘，及时晾晒、脱粒，安全贮藏。

 旱地杂粮怎样科学施肥？

杂粮主要种植在干旱半干旱地区，这些地区由于降水时间分布不均，水量变化很大，往往在作物最需要养分时因为干旱无雨而无法追肥。所以旱地一般不追肥，所有的肥料要作为底肥一次施足。一次施足底肥，可使作物幼苗健壮生长，提高抗旱能力，又不至于脱肥早衰，保证后期能正常成熟。底肥一般在播种前结合深耕一次性施入，施肥深度 12～16 厘米。为了提高杂粮营养品质，改善适口性，底肥尽量以腐熟的有机肥为主，减少化肥施用量。在瘠薄的土地上，除做底肥深施外，应结合播种施入适量的种肥，有利于作物苗期生长，种肥一般每亩施磷酸二铵 5 千克或尿素 2～3 千克。杂粮在抽穗灌浆期，如遇雨可趁雨进行追肥，一般每亩追尿素 5 千克。

101 旱地杂粮如何节水保墒？

水分是制约杂粮生产的关键因素，抗旱节水保墒是杂粮生产的重要环节，解决水分供应问题是杂粮生产的核心。

（1）深耕蓄墒

深耕一般宜在伏天和早秋进行。对于一年一熟的农田要及早进行伏深耕或深松耕，耕深 18～20 厘米为宜，有条件的地方可深耕 25～28 厘米。同一块地可每2～3年进行一次深耕。

（2）耙糖保墒

耙糖是耕后在土壤表面进行的一种整地技术，耙糖的主要作用是使土块碎散，地面平整，造成耕作层上虚

下实，防止土壤水分蒸发，以利保墒和出苗。耙糖主要是在秋季和春季进行，耙糖深度以3～5厘米为宜。

（3）镇压提墒

地表过干或过湿都不宜进行镇压。一般表土层出现很薄的干土层时是镇压的最佳时期。播种后如遇干旱，墒情不足，种子不易发芽或发芽不能出苗，要及时进行镇压，土壤下层的水分沿毛细管上移到播种层上来，以利种子发芽出苗。

后 记

　　积极推进农业供给侧结构性改革，是当前的紧迫任务，是农业农村经济工作的主线。必须围绕这一主线，推动种植业实现从追求产量到追求优质、安全、绿色、环保的转变，优化调整种植结构，依靠科技创新驱动，实现转型升级。由此，我们组织中国农业科学院、中国农业大学、全国农业技术推广服务中心等单位现代农业产业体系的有关专家编写了此书。本书分上下两册，上册主要介绍种植基础知识、主粮作物（小麦、玉米、水稻和马铃薯）、杂粮作物；下册主要介绍经济作物（棉花、油料和茶叶）、设施园艺（蔬菜、水果、食用菌和花卉），旨在向包括贫困妇女在内的广大农村姐妹宣传先进的农业生产理念、推广科学种植新技术，积极促进种植业的转型升级，加快推进科技助力精确扶贫的进程。

　　由于编者水平有限，加之成书时间紧，书中难免有疏漏和不妥之处，敬请广大读者批评指正。

编　者
2017 年 7 月